U0229414

家居布置 餐厅篇 魔法空间

《家居布置魔法空间》编委会 编著

海峡出版发行集团
THE STRAITS PUBLISHING & DISTRIBUTING GROUP

福建科学技术出版社
FUJIAN SCIENCE & TECHNOLOGY PUBLISHING HOUSE

图书在版编目（CIP）数据

家居布置魔法空间 . 餐厅篇 /《家居布置魔法空间》
编委会编著 . —福州 : 福建科学技术出版社 , 2013.1
　ISBN 978-7-5335-4191-0

　Ⅰ . ①家… Ⅱ . ①家… Ⅲ . ①餐厅 – 室内装饰设计 –
图集 Ⅳ . ① TU241-64

　中国版本图书馆 CIP 数据核字 (2012) 第 290992 号

书　　名	家居布置魔法空间 · 餐厅篇
编　　著	《家居布置魔法空间》编委会
出版发行	海峡出版发行集团
	福建科学技术出版社
社　　址	福州市东水路 76 号（邮编 350001）
网　　址	www.fjstp.com
经　　销	福建新华发行（集团）有限责任公司
印　　刷	福建彩色印刷有限公司
开　　本	889毫米 × 1194毫米　1/16
印　　张	6
图　　文	96 码
版　　次	2013 年 1 月第 1 版
印　　次	2013 年 1 月第 1 次印刷
书　　号	ISBN 978-7-5335-4191-0
定　　价	28.00 元

书中如有印装质量问题，可直接向本社调换

餐厅篇

目录
CONTENTS

01 ↘
餐桌的选择与摆放 ▬▬▬▬

02 ↘
餐厅灯具的布置 ▬▬▬▬

03 ↘
餐厅收纳空间的布置 ▬▬▬▬

04

布艺的选择与布置

05

餐厅中的绿植布置

06

装饰品的布置技巧

家居布置魔法空间
餐厅篇 →01

餐桌的选择与摆放

餐厅中的餐桌依照的是餐厅的风格、家里的人口数量以及主人的兴趣喜好来进行选择和搭配的，如果是三口之家，那么小巧的四人桌便足够使用；如果是三代同堂，那么便可以选择圆形餐桌，以便用餐。而餐桌等家具物品的摆放位置也是很重要的，必须仔细安排。

餐厅风格的选定

在餐厅装修设计之前，首先要注重其风格的选择，只有选择合适的风格，才能够将空间布置得完美。例如，如果家里有老人和孩子，就应该把餐厅的风格定位于温馨；而如果是中年夫妻，则可以选择优雅、沉稳的风格；青年男女则更加适合或浪漫、或纯净的风格来装饰。

↑购买木质餐桌时，先看榫眼结合是否严密，结构是否牢固等，可以用手摇摇桌子，看看稳不稳。桌子的腿部都应该有四个三角形的卡子，起到固定作用，挑选时应注意有无卡子。

⟨1⟩ 年轻人的时尚简约餐厅

主人将餐厅设计在空间的一隅，有很好的开放性，带有钢化玻璃桌面的餐桌配以简约造型的餐椅，加上个性艺术品的点缀，打造了一个时尚、现代的餐厅空间。

⟨2⟩ 成功人士的欧式高贵餐厅

独立式餐厅设计更能营造好的用餐氛围，是享受生活的开始。实木材质的餐桌椅等家具搭配上高贵经典的各式布艺品、华丽优美的吊灯，呈现出一种欧式贵族风范。

⟨3⟩ 温馨而又时尚的餐厅设计

开放式的餐厅设计温馨而又时尚，简约造型的餐桌椅布置得个性而随意，很有时尚感，而在色彩搭配以及细节装饰上，主人非常用心，带来了浓浓的温馨浪漫感。

④ 打造典雅时尚餐厅

质感突出的金属餐桌椅，给人沉稳而不乏魅力的成熟感和时尚感，加以红色桌旗的映衬，主人打造出一间典雅、时尚的餐厅。

⑤ 传统而不俗的黑白搭配

黑白相间的地毯、餐桌椅，以及黑、白色的餐具，使餐厅区域和会客区域有了明显的区别，给人一种传统而不俗的惬意感。

⑥ 浪漫迷人的灿烂阳光

靠近窗户的餐厅区域，有着浪漫迷人的自然元素，阳光、绿植，还有打开窗户时透进来的那一股清爽气息，这些都是自然风格餐厅的主要组成部分，让人倍感舒适温馨。

❋ 明确餐区面积后选餐桌

如果餐厅的面积很大，则可以选择富有厚重质感、与空间相配、面积适中的餐桌椅等家具；如果餐厅面积有限，而就餐的人数并不确定，那么可以选择折叠式或伸缩式餐桌。

←质感突出的西餐具，没有过多的工艺和修饰，尽显简约之美。

实木材质餐桌椅的最大优点在于浑然天成的木纹与多变化的自然色彩，不过要注意的是，实木家具容易受潮并容易吸附灰尘。因此，最好将实木餐桌椅放在温、湿度适宜的环境中，尽量远离空气流动较强的位置。

←不锈钢材质的叉子质感硬朗、造型时尚，手感舒适的黑色把柄，很容易让人静下心来专心用餐。

通透明亮的餐厅空间

充足的照明使餐厅空间显得通透、明亮，黑色餐桌椅点缀其间，显得极为抢眼。餐区区域的地面装饰非常独特，犹如铺放的一块地毯，给人一种奇异浪漫的错觉。

雅致的餐厅设计

乳白色的餐桌台面、餐椅，搭配上精致的吊灯和瓶花装饰，共同为餐厅区域营造出一种优雅、温馨的气息，创造了舒心愉悦的饮食氛围。

清雅的餐厅空间

整个餐厅空间的硬装饰和软装饰在格调上保持一致。带着自然韵味的棕黑色实木餐桌椅点缀着空间，与橱柜台上的绿植、裸墙装饰等相互呼应，使温馨的餐厅空间更加清新、淡雅，营造了很好的饮食氛围。

10 打造浪漫惬意餐厅

稳重、大气的乌木餐桌椅搭配室内米白色的墙面装饰，显得和谐而美观。颇具浪漫情趣的装饰画和瓶花的点缀，冲淡了沉稳风格餐桌给人带来的沉闷感，打造出一间浪漫惬意的餐厅空间。

11 崇尚和谐一致的餐厅

黑色的实木柜和餐桌椅显然是餐厅格调的主题，同时与背景墙、地毯以及工艺品相匹配，使得自然光线优越的餐厅空间的饮食氛围更加和谐、浓重。

12 简约优雅型的餐厅

吧台式的餐桌设计集餐饮与隔断装饰效果于一体，简约的同时又不失优雅情趣；大理石台面虽然有些清凉感，但是食品的色彩会冲淡这一感觉；而白色的餐椅，也因为有了柔软温暖的坐垫，并不会显得过于单调。

✳ 选择餐桌要注意其质地

餐桌表面应该以易清理为本，大理石与玻璃等材质的桌面较为坚硬、冰冷，艺术感较强，但是因其易吸收人体饮食后产生的能量，不利于家人的坐谈交流，因此不宜全部用于正餐桌，但是可以通过形状和质地进行调和。例如，圆形的大理石餐台或方形木桌等，这些组合会带来很好的效果。

←不锈钢小勺，有着优越的材质，质硬而且色泽明亮，造型简易，颇受人们的青睐。

圆形餐桌的选择与摆放

　　如果选择圆形餐桌，我们应该根据室内空间面积的大小和家庭人口的多少来进行选择和搭配。例如，小空间摆放小的圆形餐桌，更能看出家人之间的亲近，温馨的感觉更能够得到凸显。而对于餐桌的摆放，最佳的位置一般是在临近厨房的餐厅中，当然，小小的隔间也别有一番风味。

⟨1⟩ 玻璃餐桌的巧妙布置

　　居室的空间面积不是很大，布置装饰起来要注意不能划分出过多的独立空间。主人将餐厅与厨房布置在同一空间中，圆形的玻璃餐桌更能展现一种家庭幸福感。

⟨2⟩ 实木餐桌布置餐厅

　　圆形餐桌搭配环绕摆放的餐椅最能营造一种整体感，即使没有独立空间也不会显得松散。古典的实木餐桌椅与厨房中的家具风格一致，加上布艺品点缀，给人一种高贵感。

⟨3⟩ 精巧餐桌布置餐厅

　　在小面积的空间中布置餐厅，要想满足更多人使用的需求，精巧的圆形餐桌或许是最好的选择。金属材质搭配玻璃材质很有现代气质，是家庭幸福生活的一种展现。

↑带有自然气息的木艺碗，做工精湛，木纹清晰、美观，很适合田园风格的餐厅使用。

4 紫檀木餐桌点缀餐厅空间

古典的紫檀木圆形餐桌摆放在宽敞明亮的餐厅空间中，显得沉稳而大气，与皮质软包餐椅相搭配，加以绿植、灯饰的点缀，打造出完美和谐的餐厅空间。

5 纯净的白色系餐厅

为了在餐厅空间的色调上保持一致，主人选择了白色系的餐桌椅家具，圆形餐桌与白色灯罩相互呼应，非常时尚美观，装饰效果独特。

6 自然、温馨的餐厅空间

透过窗户可以欣赏外面的自然风景，给人的感觉非常轻松、自在；圆形餐桌与温馨吊灯相映成趣，温暖而柔和；装饰画等饰品的点缀，令餐厅空间的氛围更加浓郁。

⑦ 浪漫怡人的餐厅布置

餐厅的大面积窗广使空间通透明亮，优雅的圆形餐桌摆放于此，家人在用餐时外界的景色一览无余，给人浪漫舒心的感觉。

⑧ 打造和谐统一的餐厅

圆形餐桌与两处饮食区域的餐椅都采用实木材质，自然木色清晰，保持了统一的风格，呈现出的视觉效果非常鲜明。

⑨ 独特餐桌装扮餐厅

圆形餐桌采用玻璃桌面，表面光滑，易于清理，同时具有很强的现代感，与餐厅的整体空间和造型独特的餐椅非常相配。

❋ 餐桌应该如何摆放

一般来说，摆放餐桌不要正对着厨房，因为厨房的油烟比较大，温度也相对较高，不仅不利于健康，同时也会影响人们的心情。

↓中国传统的竹筷总是给人们无比亲切的感觉，它的色泽和手感都非常舒适，虽然它们在我们的生活中一直都非常普通，但是人们从没离开或放弃过它。

四边形餐桌的选择与摆放

四边形的餐桌比较适合小家庭使用，家人面对面地用餐、谈心，显得更为亲近；同时四边形餐桌的角度感可以与餐厅中的橱柜等其他家具相搭配，具有很强的装饰性功能。

↑白色的菜碟与不锈钢餐具相映衬，具有很强的现代感，很适合摆放在实木餐桌上。

〔1〕 棕色实木餐桌的布置

棕色的实木餐桌与同样材质的餐椅搭配起来非常完美，透着一种古典气质。四边形餐桌正好摆放在吊灯下方，同时与墙面造型相呼应，兼具实用性和装饰性。

〔2〕 黑色经典餐桌的摆放

将餐厅设计布置在窗户旁边，具有很好的光亮度，即便餐桌椅等家具都选择纯黑色也不会显得压抑。四边形餐桌棱角分明，与居室空间的格局设计实现了完美统一。

〔3〕 餐厨共用空间的设计布置

宽敞的居室空间中餐厅和厨房没有明确的界限划分，有很好的通透性，营造的氛围更加轻松。四边形的实木餐桌摆放在空余面积的中间位置，不仅看起来非常美观，也极大地方便了家人的自由活动。

※ 餐桌选择的重要性

餐桌是餐厅中最主要的家具，也是影响家人用餐气氛的关键因素之一，因此要根据餐厅的风格、余留的空间面积形状、其他家具的造型等多种因素来选择和装饰。

←不锈钢材质的餐具，造型简约时尚，做工精致，特有的长手柄，让人拿捏起来非常方便，宜于切割使用。

{4} 黑色家具装扮餐厅空间

餐厅的白色墙面与黑色餐桌、橱柜以及装饰品的搭配效果非常明显，有很强的现代感；四边形餐桌与精致的餐椅搭配，让人享受着都市生活的时尚感。

{5} 营造浪漫典雅的餐厅

空间一角的独特坐椅设计与四边形餐桌的搭配非常完美，经典高贵的餐桌椅选择展现着主人对高品质生活的追求，吊灯和饰品的装饰给餐厅增添了浪漫典雅的气息。

{6} 实木餐桌装饰餐厅空间

材质硬朗的实木餐桌可供多人用餐，大气而稳重，装饰在餐厅空间中，有一种古朴经典的气息，与现代感强烈的橱柜和装饰品相映衬，带给人很强的对比效果。

时尚典雅的饮食空间

居室的餐厅设计简约而时尚，金属材质的餐桌椅，造型简易而经典，四边形餐桌的桌面为质感硬朗的中空玻璃，色泽明快，便于清洁打理。

整洁精致的餐厅空间

主人将同一空间的餐厨等家具布置得整齐有序，四边形餐桌和橱柜对称摆设，与白色收纳柜垂直布置，且留有活动区域，让整个空间显得整洁精致。

实木餐桌装点白色系空间

棕褐色漆饰面的四边形实木餐桌摆放在宽敞、通透的白色系餐厅空间中，布局合理，与空间的色彩搭配对比中蕴藏和谐，视觉效果明显。

❉ 注意餐桌与餐椅的搭配

餐桌与餐椅一般是配套的，但是两者也可以分开选购。选购时一定要注意两者的搭配，餐椅过高或过低都会影响正常的用餐，引起胃部不适或影响消化。

←叉子的整体全为不锈钢材质，质感硬朗，是您选择西式餐具的首选。

简约餐桌的布置

厨房兼餐厅的空间虽然小但是整洁时尚，简约型的四边形餐桌与舒适餐椅搭配装饰，协调而美观。

原木餐桌的装饰

浅木色的原木餐桌采用四边形设计，选择中间位置摆放，给家人余留了更多的自由活动空间。

小空间的餐桌布置

餐厅的空间较小，适合布置体型较小的家具，简约型的四边形餐桌装饰在空间中，精致美观，给人清爽舒适的感觉。

✳ 选择餐桌应该考虑功能定位

如果餐厅面积有限，不妨选择较为精巧的透明餐桌，而搭配的餐椅最好是可以折叠的；对于没有独立餐厅的居室来说，可以选择折叠餐桌；如果经常有亲朋好友过来聚餐，伸缩式的餐桌是不错的选择。

←正方形的餐桌因为有了桌布的装饰，没有了生硬感，显得更加美观、雅致。

供多人用餐的餐桌选择与摆放

　　对于有些家庭来说，招待亲朋好友舒适用餐是逢年过节聚会中的一大难题。因此，如果您家里也会出现这种情况，那么建议您购买一张可以供多人同时使用的餐桌，将其合理地摆放在餐厅中，能为您的家庭带来实质性的方便。

❀1 异域高贵风格的餐厅布置

　　独立式餐厅中，可以供多人同时用餐的实木餐桌摆放在正中间，餐椅的有序摆放非常合理，与橱柜之间的距离恰到好处，美观大方且实用方便，尽显一种异域高贵风范。

❀2 简约精致餐桌的合理布置

　　如果要选用多人餐桌布置自己的餐厅空间，那么白色是很好的选择，不会造成沉闷和压抑感，简约精致的四边形餐桌摆放在居室中，四周余留的空间足以满足家人的活动。

❀3 狭长餐厅空间的布置

　　餐厅的空间面积呈狭窄长方形，主人选择并摆放的多人餐桌顺应了空间形状，恰好布置在正中间，周边面积方便家人进出。玻璃桌面的餐桌搭配豪华餐椅、橱柜等家具，尽显贵族气质。

{4} 呼应背景墙布置餐桌

宽敞明亮的餐厅空间中光线条件非常优越，长方形多人餐桌的装饰，与背景墙相映成趣，非常美观，而且具有很强的实用性。

{5} 黑色餐桌装饰餐厅

黑色的长方形多人餐桌大气而稳重，可以满足聚会时的多人用餐需求；绿植在餐厅中的装扮，冲淡了空间的肃静沉闷感；餐桌两侧留有活动区域，便于人员自由地走动。

{6} 打造经典浪漫的餐厅

圆形多人餐桌布置在餐厅中，显得经典而浪漫；配以小块地毯和绿植的映衬，使得饮食区域的用餐氛围更加浓郁。

❀ 餐桌最忌带有尖角

餐桌上尖角的角度愈小就愈尖锐，碰撞的几率就越大，会导致家人的健康受损，因此不建议选择此类餐桌；波浪形的餐桌没有尖角，可以勉强选用。总之，圆形餐桌和方形餐桌为首选。

←黛绿色的小瓷碗搭配竹筷，精巧雅致，非常适合在沉稳风格的餐厅中使用。

7 简约多人餐桌的装饰

现代感强烈的黑色简约型多人餐桌，搭配不锈钢材质的餐椅，装饰在餐厅中非常经典时尚；与橱柜等家具同处一条直线，摆放整齐有序，给人舒适的感觉。

8 多人餐桌居中装饰

豪华的实木餐桌造型典雅，木质硬朗，颇具经典高贵气质，搭配餐椅点缀在餐厅中，显得优雅而美观；布置在中间位置，加以地毯陪衬，展现着主人的尊贵生活。

9 带有清新气息的餐厅

造型简约的原木餐桌，搭配同一材质的餐椅，优雅而美观，加上充足的光线条件，使得整个餐厅空间充满了温馨清爽的气息；传统的方形餐桌具有很好的灵活性，可以实现最大程度的利用。

❋ 为餐厅增加一张小餐桌

对于厨房和餐厅面积都比较大的家庭来说，除了餐厅中的正式餐桌以外，还可以在靠近厨房的地方摆放一张圆形小餐桌，作为平时家庭成员用餐的地方。同时，如果将小餐桌摆放在厨房和客厅的中间位置，还能起到隔断和过渡的作用。

↓醋壶的造型设计雅致美观，选材优越，将其摆放在实木餐桌上，一定会令人赏心悦目、食欲大增。

椭圆餐桌布置餐厅

这套餐桌椅在餐厅中非常合适，桌面和地面使用棕色，桌边、桌腿以及餐椅的白色与室内主色调保持一致，显得无比和谐。

黑色餐桌的摆放

方形的黑色餐桌大气而实用，摆放在餐厅中，给开放型的空间格局增添了结构感和层次感。

优雅的餐厅设计

主人将饮食区域设计在客厅中，虽然只有简单的餐桌椅布置，但是同样显得雅致、得体。

❋ 长餐桌的选择与布置

长餐桌适合布置在面积较大的餐厅中，显得大气；在大空间中要注意色彩和材质的呼应，餐桌腿所用的材质与餐椅腿的材质应该有所照应，空间整体性通过这些细节而得以加强。

←表面光滑、易于清洗而且材质优越的陶瓷餐具，总是给人优雅气息和亲切感。

餐桌的颜色选择

　　餐桌颜色的选择不仅要考虑餐厅的整体风格，也要考虑家人用餐的食欲和心情，如果给您一款刺目的亮色餐桌，您一定会觉得菜肴的颜色变样了，从而没有食欲。因此，装修者在选择餐桌颜色的时候需要多加注意，一般来讲，最适合餐桌的色彩应该既能提高食欲，又显得干净整洁。

↑餐具的质感优越，适合布置在优雅时尚型的餐厅空间中。

①

②

③

① 玻璃桌面的餐桌装饰餐厅

　　餐厅设计在厨房的外缘，可以共用橱柜、吧台等家具，非常实用；在浅色空间中，餐椅选择了黑色，所以主人巧妙采用玻璃桌面的餐桌进行过渡，显得非常和谐。

② 简约白色餐桌布置餐厅

　　宽敞的餐厅空间布置起来相对简单，最好是将餐桌椅布置在中间位置，不仅美观也符合传统理念。为了与餐厅空间的整体色调保持一致，主人选择白色的餐桌。

③ 银色金属餐桌装扮餐厅

　　餐厅空间与厨房有一门之隔，这样家人在用餐时不会受到油烟的影响；餐厅空间的设计非常时尚现代，在灰白色系占据主流色调的情况下，一款银色的金属餐桌尽显典雅气质。

原木餐桌装饰餐厅

现代时尚风格的空间中，主人选择原木材质的餐桌，带有自然气息与色彩的餐桌与橙色餐椅摆放在中间，在餐厅中营造了温暖浪漫的意境，给家人创造了愉悦的用餐环境。

蓝色餐桌点缀浅色空间

浅色系的开放型空间中，蓝色的长方形餐桌贴墙摆放，与背景墙形成完美的搭配，配以吊灯的装扮，餐厅空间的气氛立即活跃起来，让人倍感放松和欢快。

棕色餐桌的沉稳气质

简约的浅色餐厅中，棕色的长方形餐桌搭配古典造型的餐椅，给餐厅增添了怀旧气息；主人将餐桌与其他家具连接摆放，可以余留更多的空间面积。

增加食欲的餐桌颜色

一般来讲，橙色系的餐桌可以给人带来温馨浪漫的感觉，同时还可以增加家人在用餐时的食欲。

←带有格子图案的桌布装饰餐桌，不仅美观大方，同时还具有耐脏的实用性效果。

7 黑色餐桌装扮餐厅

黑色餐桌、餐椅与橱柜等家具对称摆放在餐厅中，彰显着沉稳成熟，主人用白色餐具进行了调节。

8 别样的餐厅设计

墨绿色的圆形餐桌在带有斑纹图案餐椅的环绕下摆放在餐厅的正中间，显得独特而时尚。

9 精巧餐桌装饰餐厅

大空间餐厅中选择了精巧的餐桌，摆放在中间方便了家人生活，棕黑色餐桌与红色餐椅形成鲜明对比。

※ **餐桌色彩明度的选择**

对于餐厅中餐桌等家具色彩明度的选择，一般建议选择那些能提高室内照明度，保证采光与卫生的色彩明度为主，较高的色彩明度可以表现出餐厅空间的环境明快、卫生整洁等特点。

←精致的刀叉与雅致的碟盘是享受西餐时必不可少的餐具，也是生活品位的展现。

餐桌的摆放位置

室内的餐厅一般都是临近厨房设计的，或是在客厅中占据空间一隅，形成独特的用餐环境。那么，餐桌的摆放就要根据餐厅的设计而选择位置，应基于美观、整洁的基础之上，保证家人用餐环境的舒适，同时不能占用不必要的空间，以免影响家人的正常生活。

{1} 走廊空间布置餐厅

厨房在整个居室空间的一侧，与客厅通过走廊相连接，在宽敞走廊的拐角处，主人摆放了餐桌椅等家具，在保证家人活动自由方便的基础上，充分利用了空间。

{2} 紧靠窗户摆放餐桌

如果家中没有设计独立的餐厅空间，那么一扇窗户的旁边或许是最好的选择，明亮而且优雅，圆形餐桌搭配舒适餐椅紧靠窗户摆放，丝毫没有浪费居室的角落位置。

{3} 连接吧台布置餐桌

厨房、餐厅与客厅三个空间全部采用开放式设计，将居室中不同空间的通透性诠释到最佳状态。简约风格的餐桌椅等家具与吧台相连接而布置，在开放式设计中追求一种整体感。

※ **餐桌椅的摆放要留出足够回转的空间**

餐桌椅摆放在餐厅或者开放式的厨房中，必须余留出足够的回转空间，也就是说当餐椅拉出餐桌时，其椅背距离墙壁或者橱柜的距离必须在1米以上。如果餐桌椅等家具摆放得过于拥挤，不仅会影响人们的活动空间，而且就餐的心情也会不舒服。

←精致典雅的透明玻璃餐具在其实用的功能性以外，还有极强的装饰性。

{4} 开放式的餐厅设计

　　餐厅采用开放式设计，与客厅同处一个空间，餐桌的摆放位置方便家人用餐同时享受生活；带有强烈时尚现代感的餐桌椅是主人享受都市生活的真实写照。

{5} 玄关处的餐桌布置

　　主人将餐桌摆放在居室的玄关处，占据独特位置的餐厅设计不仅是家人用餐的地方，同时与水族箱相搭配装饰了玄关，起到了很强的空间隔断作用。

{6} 古典高贵的餐厅装饰

　　餐厅中的餐桌椅、橱柜、收纳柜等家具全部采用实木制作，怀旧的造型彰显着古典与高贵的气息，展现着主人高品质的生活；餐桌摆放在中间位置，与橱柜等家具特意隔开空间，方便家人或亲朋好友的走动，也间接地营造了一种轻松、舒适的用餐环境。

❀ 时尚餐桌装饰餐厅

在现代都市空间中，主人将吧台当作餐桌使用，余留了餐桌的摆放空间，显得时尚而浪漫。

❀ 经典风格的餐厅

黑色餐桌搭配白色软包餐椅摆放在餐厅中间，与橱柜和墙面装饰相呼应，构建了经典风格的餐厅。

❀ 典雅大气的餐厅

墙体橱柜家具装饰餐厅四周，显得典雅大气；精致的方形餐桌摆放在中间，让主人享受惬意生活。

❀ 餐桌摆放不宜与门直对

餐桌是家人用餐、享受美食与生活的地方，应该保证有一个宁静、放松的环境，如果与门口直对，多少会受到外界或其他空间的环境影响，不利于家人舒适、放松地用餐。

←茶具并不需要追求昂贵价值，因为它展现的是主人深厚的内涵和高尚的品质。

餐桌与橱柜的选择布置

　　餐厅的橱柜与厨房中的橱柜是不尽相同的，餐厅的橱柜一般只会摆放一些日常用到的餐具，偶尔也会简单摆放一些装饰品，且还应呼应餐桌的选择。餐桌和橱柜的选择和搭配如果合理恰当，会给整个餐厅空间营造一种整体的和谐感与生活的完美感。

↑绘有竹子图案的瓷质餐盘清雅美观，厚度设计还可以保证很好的隔热，方便主人使用。

① 餐厅中的简约布置

　　餐厅中的布置非常简单，只有同样颜色、同样风格的餐桌椅和橱柜家具，没有丝毫的凌乱感，餐桌椅和橱柜垂直布置，同时余留空间，最大程度地方便了家人使用。

② 餐厅中的优雅设计

　　整个餐厅空间采用白色系进行布置装饰，很有整体感和优雅气质。同样风格的圆形餐桌和橱柜近距离布置，方便了日常生活中主人对于餐具的收拾和摆放。

③ 餐厅中的大气布置

　　原始自然风格的实木材质餐桌椅与欧式典雅风格的橱柜家具形成完美地呼应，两者在摆放时拉开较远的距离，这样家人在来回走动以及存放餐具时就会非常方便。

✵ 餐桌与橱柜的对应关系

餐桌与橱柜的搭配在餐厅中非常重要，例如现代感强烈的不锈钢橱柜搭配上古典的实木餐桌，在对比中追求融合。

←带有红格子的碟盘餐具透着甜蜜与浪漫，摆放在餐桌上，难免会勾起人们的食欲。

{4} 纯净明快的餐厅装扮

白色系餐桌给人的感觉纯净优雅，非常适合餐厅使用，布置在距离落地窗不远处的位置，在自然光线的作用下，整个餐厅显得明快浪漫；此时如果摆放橱柜，切忌遮挡光线。

{5} 餐厅中的家具对比搭配

宽敞的餐厅中，深色系的餐桌椅与浅色系的橱柜相互搭配，有很好的对比效果；橱柜贴墙摆放节约了更多空间，餐桌居中布置，是中华传统思想的一种展现，美观而大方。

{6} 典雅高贵的餐厅设计

在高大橱柜的映衬下，餐桌椅显得精致而小巧，在这种强烈的对比之中，家具、灯饰的典雅造型及高贵奢华感显露得更加充分而完美。

{7} 简约时尚的餐厅

餐桌与橱柜等家具的造型都很简单，尽管摆放得紧凑但也不会显得拥挤，非常适合小户型居室。

{8} 独特的餐厅设计

将餐桌摆放在玄关与客厅的连接处，形成独特的餐厅空间，此时为了美观，可以将橱柜移到厨房。

{9} 质朴而高贵的餐厅

实木材质的餐桌与橱柜整齐摆放，使餐厅空间质朴而古典；皮质软包的餐椅将高贵气质融入其中。

※ 餐桌与橱柜保持一致风格

餐厅中的餐桌和橱柜等家具最好保持一致风格，这样可以给空间营造一种整体和谐感，例如在小户型居室的餐厅中选用简约风格的各式家具，能节约很大空间，同时显得时尚前卫。

←实木材质的餐桌椅家具经过抛光等工艺处理，在质朴中蕴藏着一种典雅气质。

🔟 淡雅温馨家具装饰餐厅

浅木色的餐桌椅和粉红色的橱柜平行摆放，两者相映成趣，给餐厅空间带来了淡雅温馨的气息，使家人的用餐环境暖意浓浓，非常舒适。

🔢 典雅浪漫的餐厅布置

宽敞的餐厅空间中只有餐桌椅和橱柜等少量家具，因此摆放位置比较随意，乳白色的家具与空间主色调一致，整个空间非常典雅，而餐具的装点增添了浪漫气息。

🔢 经典风餐厅的轻松氛围

餐厅整体是长方形的空间，主人为了缓解其给家人带来的拥挤感觉，特意选择了低矮的橱柜与餐桌来搭配，充分保留了上部空间，营造了一种轻松的用餐氛围；餐桌与橱柜的平行摆放顺应了餐厅空间的形状，同时保证了家人在餐厅内的自由活动。

✿ 整体橱柜的实用性

现在市场上有一种整体橱柜非常常见，在保证了橱柜收纳作用的同时巧妙融合了餐桌的功能，省去了在餐厅中摆放餐桌的空间，对于小户型居室而言非常实用，而对于年轻夫妻来说，整体橱柜做成的餐桌也足够使用。

←看似粗糙、实则精细的餐具与隔热垫组合使用，与木质餐桌非常搭配。

02

餐厅灯具的布置

餐厅空间中灯具的布置，一般有两种选择，一是在吊顶上安装灯具，二是摆放在餐桌上的蜡烛或灯具。对于追求温馨、浪漫风格的装修者来说，两者都可以选用搭配，但是在搭配的时候，一定要注意灯光明度、色调的配合以及使用过程中的一些禁忌。

适合餐厅使用的灯具

　　灯具在餐厅空间中的合理布置和装饰，对于整体效果来说，有点睛之笔的重要作用。漂亮、美观的灯具不一定都适合在餐厅中使用，要选择最适合餐厅空间的灯具。一般来讲，应该以灯光的柔和性为主要原则，在用餐时可以给家人营造一种温馨的氛围，让家人有一种放松舒适的心情，增加食欲。

↑青蛙造型的台灯，设计独特，颇具情趣，将它布置在餐桌上，一定会给人带来好心情。

⟨1⟩ 多个精致吊灯布置餐厅

　　餐厅的空间面积较大，对照明的要求就会比较高，因为采用了较大面积的圆形餐桌，所以主人布置了多个精致小巧的个性吊灯，用温馨的灯光实现大范围的照明。

⟨2⟩ 明亮吊灯装扮餐厅空间

　　餐厅中的木质地板、餐桌椅等家具以及各式布艺均采用深暖色调来布置，这种情况下安置灯具只需要明亮即可，将灯具布置在餐桌正上方，能带来最佳的照明效果。

⟨3⟩ 圆形吊灯装饰开放式餐厅

　　餐桌椅布置在空间一角，搭配上具有乡村气息的文化石墙面装饰以及水族箱背景墙设计，十分美观。圆形的吊灯与个性吊顶非常搭配，高矮度和明亮度都是最佳状态，这间开放式餐厅的设计装饰非常完美。

❋ 适合长餐桌的灯具

如果餐厅的餐桌较长，可以选用一排由多个小吊灯组成的灯具款式，而且最好保证每个小吊灯分别独立控制，这样就可以依据用餐的实际需要开启相应的吊灯数量。

←造型精美华丽的吊灯适合布置在空间较大的餐厅中，并且要与餐厅风格相协调。

④ 不规则球形吊灯装点餐厅

主人的餐厅优雅、温馨，不规则球形吊灯为餐厅空间增添了很多的浪漫情趣，令人舒心、愉悦；吊顶上的辅助灯光有效地加强了空间的照明作用。

⑤ 优雅吊灯装饰餐厅空间

优雅的吊灯点缀餐厅空间，与餐桌上的瓶花相映成趣，具有很强的装饰效果，加上烛台的装扮，使空间的温馨、浪漫气息更加浓重。

⑥ 精致吊灯点缀餐厅空间

三盏精致的吊灯整齐悬挂在餐桌上方，有很强的照明作用；餐厅中深色系桌面和浅色系墙面本应该是强烈的对比色，但是在灯光的映射下，二者有了很好的过渡，整个空间显得典雅而温馨。

{7} 中式吊灯装饰餐厅

白色的中式吊灯与餐厅的吊顶等色调保持一致，显得和谐而美观；与古朴的餐桌椅家具相互呼应，给人一种怀旧的典雅气息。

{8} 明亮灯具的照明

对于较为低矮的餐厅来讲，吸顶灯占用空间少且光线充足，非常合适；精致的餐桌椅等家具与明亮的吸顶灯将空间装扮得整洁清爽，展现着主人的性格。

{9} 水滴状吊灯的装饰

设计独特的水滴状吊灯装饰在餐厅空间中，与对称的两盏壁灯相呼应，配以艺术品的点缀，展现着主人时尚前卫的生活，也给餐厅空间增添了温馨浪漫气息。

❋ 宽敞餐厅的灯具选择

如果餐厅空间足够宽敞，建议选择吊灯作为主光源，再配上天花灯或者壁灯作为辅助光。例如，将低悬的吊灯与吊顶上的天花灯相结合，在满足整个空间基础照明的前提下，还可以对餐桌进行独立的局部照明。

↓黄色吊灯有极强的吸引力，散发着高贵与浪漫，让人感觉温馨舒适，适合布置在餐厅中。

←古典的欧式吊灯散发着一种高贵气质，装饰在餐厅中，可以提升主人的品位。

⑩ 个性吊灯装点餐厅空间

个性独特的吊灯装饰在白色系的餐厅空间中，雅致而美观，给人的视觉效果非常鲜明。白色餐椅与白色餐桌面色彩保持统一，与墙面色彩相近，在光线的映照下，餐厅的整体装饰效果非常突出。

⑪ 多盏吊灯搭配长方形餐桌

长方形的餐桌适合搭配多盏吊灯，具有很好的统一性和整体性；餐厅中大量采用浅色的原木材质，因此主人选用优雅的白色吊灯，搭配上清新的绿植，营造了一种浪漫、轻松的意境。

⑫ 落地灯作餐厅辅助光源

造型简约、时尚的落地灯装饰在餐厅空间中充当辅助性光源，与简约风格的餐桌椅以及个性装饰品搭配，既有美观的装饰性，又有极强的实用性。

❋ 餐厅灯具装饰技巧

在餐厅中装饰布置灯具时，讲究的是要烘托一种其乐融融的用餐氛围，既要让整个空间具有一定的亮度，又需要有局部的照明作点缀。因此，餐厅中的灯具选择应该以餐桌为中心确立一个主光源，再合理搭配一些辅助性的灯光。

吊灯颜色的选取

　　餐厅吊灯的颜色选择不仅与室内风格有关，还要考虑灯具的材质，要选择最合适的灯具组合；同时，也要考虑家庭成员的爱好和年龄，争取营造一种和谐感，这样才能让用餐的感觉达到最佳状态。例如黄色系的灯具比较适合中年人士，而红色系的灯具相对来讲更适合时尚一族。

⑴ 纯白色吊灯装扮餐厅

　　棕褐色的木质餐桌非常大气，与白色系的餐椅相呼应形成对比。因为餐厅独占一块面积，因此需要独立的局部照明，主人选择了多盏纯白色的吊灯来布置，非常时尚。

⑵ 米白色灯具布置餐厅

　　开放式的厨房面积很大，直接包容了餐厅空间，但是餐厅仍然需要独立的照明，因为餐桌椅等家具采用黑色和红色，显得非常沉稳大气，所以使用米白色的吊灯来搭配。

⑶ 精致欧式吊灯装饰餐厅

　　居室空间采用开放式模式设计，巧妙地通过家具摆放来进行不同空间的隔断和划分，为了与古典怀旧风格的餐桌椅等家具匹配，主人选择、布置了浅暖色的欧式吊灯。

↑ 复古怀旧色彩的铁艺吊灯带有浓郁的古典风情,非常适合在欧式古典风格或中式风格的餐厅中使用。

{4} 精致的白色吊灯装饰餐厅

餐厅的整体色调保持暗色调,主人除了用桌布和瓶花来装扮以外,特意选用了精致小巧的白色吊灯,形成一种色彩上的对比,也增添了餐厅空间的亮度,营造了好的氛围。

{5} 典雅时尚的银色吊灯

餐厅中橱柜和餐桌等家具比较倾向于现代风格,给人一种享受都市生活的感觉,造型时尚的吊灯在灯罩色彩上采用银色,在个性之中蕴含了一种典雅高贵气息。

{6} 简约灯具点缀餐厅

独立的餐厅空间色彩上保持浅色系,让人置身其中有一种放松感,原木餐桌椅家具搭配上瓶花艺术品,融合了质朴、自然和个性三种风格,给人的感觉非常浪漫舒适。因为有较大窗户的缘故,主人在选择灯具时,采用了简约造型的吊灯,而白色的灯具也足够满足餐厅空间的使用。

❋ 适合餐厅空间的光源

低照度的空间应采用低色温光源，随着照度
的提高应选择色温较高的光源，以免产生沉
闷感。而在餐厅的照明设计中，无论照度的
高低，都应选用低色温光源，或将高色温的
一般照明与低色温的局部照明搭配使用。

↓这款带有浓郁欧式风格的吊灯外表采用金
黄色装饰，在室内可以营造一种高贵典雅的
气息，会使餐厅空间无比华丽。

⁷ 黑色吊灯装饰餐厅

主人在装饰餐厅时，吊顶、墙面等大面
积使用白色系，营造了一种清秀、放松的氛
围；餐桌椅和橱柜等家具的选用也保持了色
调的基本一致，全部使用浅色系，旨在给家
人创造舒适的用餐环境；而一盏黑色的吊灯
与墙面的壁挂饰品相呼应，打破了浅色系的
单调乏味感，增添了一种时尚典雅的气息。

⁸ 灰白色吊灯装饰优雅餐厅

餐厅空间的90%采用乳白色进行装饰，
地板使用浅木色的原木材质，上轻下重的空
间中充满了优雅与浪漫的气息，纯净餐桌上
的瓶花和橱柜上的装饰品成为瞬间抢夺人们
视线的焦点；主人在选择吊灯的时候采用了
灰白色的灯罩装饰，简约而时尚，展现着主
人幸福舒适的生活。

⁹ 中式吊灯装点餐厅

餐厅装饰集中怀旧风格与欧式古典风格
于一体，文化石墙面装饰和壁炉设计代表着
两种风格的碰撞，黑色的餐桌与白色软包餐
椅形成经典的搭配，给人一种高贵感，为
此，主人挑选了黑白色搭配的中式吊灯，增
添了餐厅空间的文化气息。

符合餐厅风格的灯具

在家庭装修的过程中，对于餐厅空间来讲，风格不应该是沉闷严肃的，温馨欢快的气氛是不错的选择，可以帮助打造一种轻松、愉悦的用餐环境。这时，时尚现代的吊灯，或是雅致风格的天花灯，或是简约风格的吸顶灯等几种灯具，要装饰在餐厅中就要经过仔细的斟酌和筛选，力争与整体风格保持和谐。

←中式灯具的元素被完美地融合到一起，精致而古典，适合布置在中式风格的餐厅中。

① 中式吊灯装扮大气餐厅

宽大的实木餐桌搭配布艺装饰的餐椅，加上宽敞的餐厅面积、正方形的吊顶设计以及怀旧的墙面装饰，无不彰显着大气与经典，用一盏中式雕花吊灯布置非常合适。

② 欧式铁艺吊灯布置餐厅

圆形餐桌搭配整齐布置的餐椅准确地摆放在方形地毯的正中央，显得井井有序，整洁清爽；因为在餐厅中设计了壁炉等异域造型，所以欧式铁艺吊灯是最好的选择。

③ 古典吊灯布置餐厅

餐桌摆放在距离厨房不远处的位置，完美地融入了整个空间，在大空间、大环境采用了复古怀旧、异域风格设计的基础上，主人选择并布置的吊灯也颇具古典气息。

❀ 奢华灯具装饰餐厅

无论是软装还是硬装，主人在餐厅装修的过程中都追求一种高贵与经典，圆形餐桌、布艺和壁挂饰品，无不彰显着大气与尊贵，奢华灯具的装点非常合适。

❀ 简约中式吊灯装扮空间

开放式的餐厅采取中式风格设计，古典风格的餐桌椅给人一种怀旧情思，其中没有奢华铺张的表现，因此主人用一盏简单的中式吊灯来进行搭配。

❀ 餐厅中的浓郁中式韵味

餐厅的小面积空间使得中式韵味更加浓郁，餐桌椅、橱柜、饰品等都是典型的中式风格代表，布置灯具时，主人选用了古典的中式吊灯与台灯。

❀ 餐厅灯具的合理利用

吊灯、壁灯、吸顶灯都可以在餐厅中布置，如果房间的层高较低，可以选择吸顶照明；如果餐厅空间较小，餐桌又贴墙摆放，可以借助壁灯与筒灯的搭配。

←红色与白色搭配而成的吊灯既带有时尚现代的浪漫气息，又蕴含着一种古典的中式韵味。

7 典雅大气的餐厅设计

餐厅空间很大，主人布置了古典的餐桌椅和橱柜等家具，给整个空间带来了典雅高贵气息，各式灯具的装扮也非常华丽浪漫。

8 古典铁艺吊灯装饰餐厅

餐厅充满了浓郁的古典气息和浪漫的中式艺术感，彰显着主人的内心修养和生活品味，古典铁艺吊灯与烛台呼应，装饰得非常完美。

9 古典大气的餐厅风格

主人的装修手法非常大气，椭圆形实木餐桌搭配古典橱柜等家具，彰显着高贵沉稳，欧式风格的灯具在餐厅中具有画龙点睛之意。

✽ 餐厅灯具选择要考虑整体风格

餐厅中灯具的选择要考虑相连的房间风格，或古典、或现代，如果是独立式的餐厅，那么灯具的选择只要搭配餐厅整体风格即可。

←这款吊灯典雅韵味中带有现代气息，在很多风格的餐厅中都可以使用。

促进食欲的灯饰

　　布置在餐厅空间中的灯饰，不仅要有照明的实用性，还要能够调节人们的心情、促进食欲。这就要求灯光的选择要尽量的柔和、舒适，一般来讲，灯饰最好以橘黄色为主（因为橘黄色能够很好地促进人们的食欲），配以餐桌、墙面的搭配，达到完美的装饰效果。

❁1 带有古朴气息的餐厅布置

　　餐厅空间中大量使用黑色系以及棕褐色的原木材质来装饰，加上古典的艺术品装饰，营造的是怀旧、古朴风格，因此在灯具布置上适合选择这样的明亮灯具。

❁2 低调而高贵的餐厅设计

　　宽敞的餐厅空间中，居室格局造型、餐桌椅等家具以及布艺地毯彰显着高贵气质，却因为颜色的保守而非常低调，很有内涵，亮度较高的欧式吊灯布置在餐桌正上方，能让家人的用餐变得更加舒适。

❁3 优雅风格的餐厅布置

　　独特的餐厅布置间接地成为了厨房空间的隔断，实用而美观；乳白色的餐桌搭配带有黑色条纹的餐椅尽显优雅气质，黄白色兼具的灯具整齐布置，营造了好的用餐氛围。

温馨浪漫的餐厅空间

餐桌椅、橱柜等家具搭配上古典的艺术装饰品，使得餐厅空间高贵而经典，主人为了营造良好的用餐氛围，选用了暖黄色的灯饰与烛台搭配，以促进人们的食欲。

现代风格的经典餐厅

餐厅中的家具和地板、墙面装饰，彰显着现代都市空间的时尚经典风，但是会在一定程度上影响人们的用餐心情，而红色的精致吊灯巧妙地融入了甜美可爱的气息。

餐厅中的温暖气息

独特设计的吊灯与壁灯相互呼应，通过墙面、地板以及家具的映射作用，在餐厅中营造了一股温暖怡人的浪漫气息，倍感舒适。

↑ 华丽高贵的欧式吊灯装扮餐厅，可以增添一种浪漫而典雅的气质。

⑦ 华丽吊灯装饰餐厅

餐厅的主流色调采用温暖的黄色系，搭配上华丽浪漫的吊灯与鲜花饰品，在高贵中增添了浪漫。

⑧ 开放式的餐厅设计

餐厅与客厅处在同一空间，餐桌与茶几自然形成隔断，主人在灯饰的选择上有明显的区别装饰。

⑨ 明亮吊灯装饰餐厅

餐厅墙面装饰及餐桌椅家具选择采用沉稳古典风格，主人为了打破这种气氛，布置了明亮的吊灯。

❈ 巧用灯饰营造餐厅气氛

每个空间都需要定量的光线来保证正常的工作，餐厅的光线特别讲究柔和温馨，过亮、过刺激的光线会让人在用餐时感到不安，偏暖的光线（例如黄色、橙色等）可以营造温馨氛围。

←金色的水晶吊灯尽显尊贵与华丽，是主人高品位生活的完美展现。

吊灯与餐桌的布置距离

餐厅中吊灯与餐桌的布置距离要根据空间的高低程度来决定，如果布置得太高会影响正常的照明效果，而太低则会让人感觉刺眼，缺少温馨舒适感，影响人们的用餐。一般来讲，吊灯距离餐桌桌面55～60厘米，这样的距离不高不低，光线不明不暗，在餐厅空间中最为恰当。

↑ 金色与白色搭配组成的欧式吊灯华丽而典雅，在餐厅中可以营造浪漫、温馨的氛围。

⟨1⟩ 欧式吊灯布置装扮餐厅

餐厅区域布置在窗户旁边，家人用餐时可以欣赏到外面的景象，给人的感觉非常舒适。因为欧式吊灯的明亮度较低，所以在布置时安装得较低，以满足正常的照明。

⟨2⟩ 优雅高贵灯具装扮餐厅

餐厅具有自己的独立空间，因此布置起来要做好呼应，亮黑色的餐桌椅等家具显得沉稳成熟，与之相搭的自然就是优雅的白色灯具，高低位置恰到好处，美观而实用。

⟨3⟩ 暖色吊灯布置餐厅

在暖色调的大环境中，餐桌椅等家具选择黑色和红色，给人的感觉成熟而稳重，一盏暖色的中式吊灯更营造了温馨的用餐氛围。吊灯的明亮度较大，而且有壁灯呼应，因此主人将其布置得较高。

❋ 餐厅安装灯具注意事项

如果餐厅的吊顶属于平面式，那么在安装灯具的时候要特别注意一些事项，灯具的重量等于或大于3千克的时候，应该提前预埋吊钩或者从屋顶用膨胀螺栓直接固定吊架，然后再安装灯具，以免发生危险。

↓层叠的水晶吊灯诠释着华丽与高贵，是欧式装修风格的典型代表之一，装饰在餐厅中会是整个空间的夺目焦点。

 ﹛4﹜纯净优雅的餐厅装扮

整个餐厅空间采用纯净的白色系进行装扮，加上大面积窗户的设计，使得餐厅更加明亮、宽敞。雅致的餐桌椅居中摆放，与上方的华丽吊灯相互呼应，又增添了餐厅的优雅浪漫气息，吊灯的流苏吊坠丝丝垂下，加强了室内空间的美观性。

﹛5﹜优雅的餐厅风情

餐厅装修在复式楼的一层，使得家人与大自然的距离在感觉上更加亲近。典雅的餐桌椅等家具整齐有序地摆放在餐厅中，置身其中会让人体会到优雅与浪漫的双重气息。主人将简约风格的吊灯布置得较高，是因为考虑到空间的层高和充足的自然光线等因素，和谐而美观。

﹛6﹜个性而经典的餐厅设计

拱形吊顶设计与经典家具装饰，将这间餐厅装扮得富有个性而高雅，是主人成熟心智的外在表现。由于吊顶较高、天花灯装饰以及吊灯数量较多等原因，主人将吊灯与餐桌的距离适度拉开，显得餐厅空间更加宽敞，用餐氛围更加轻松。

家居布置魔法空间

餐厅篇 →03

餐厅收纳空间的布置

餐厅作为人们的饮食区域，一定要保证提供一个舒适、轻松的氛围，因此餐厅的收纳工作务必要做好。餐厅中可以用作收纳的一般有餐桌、餐椅以及橱柜等，怎样合理而巧妙地装修，将收纳能力发挥到极致，使餐厅呈现出整洁、清爽的环境，是每一个装修者都要面对的问题。

餐桌上的摆放空间

　　餐桌上除了在人们用餐时可以摆放菜肴佳品以外，也可以巧妙地当作收纳空间，杯盘碟碗、灯饰烛台等物品的摆放，或者盆栽瓶花、艺术饰品的装扮，都可以在餐桌上得以实现。例如餐桌上摆放的烛台，既可以起到局部照明的实用性作用，也可以通过朦胧的光线来营造一种浪漫的氛围，渲染整体环境。

↑造型独特的烛台带有一种艺术气息，不仅是照明的实用工具，也是一件极佳的装饰品。

❀1 黑白色搭配的巧妙实现

　　餐厅空间给人的感觉非常整洁，从中能看出主人的生活态度和习惯。黑色的餐桌在餐厅中非常抢眼，主人将餐具、装饰品等摆放在餐桌上，黑白色的搭配显得非常经典。

❀2 吧台式餐桌的收纳布置

　　如果是时尚的年轻家庭，这样一款吧台式的餐桌设计就能满足使用需要，而且美观大方，因为吧台固定后一般不会移动，所以可以将餐具摆放在上面，将其用作短暂收纳。

❀3 餐桌上的收纳布置

　　餐桌摆放在客厅空间的一侧，因此对于美观性的要求非常高，不仅需要将四边形餐桌与餐椅摆放整齐，而且餐桌上的餐具整理与收纳还要整洁有序，美观优雅。

❋ 餐桌上摆放物品禁忌

餐桌的第一功能是用餐，因此食物的摆放是必须的，可以装饰一些精巧的烛台、灯饰或瓶花等。但是要注意的是，在用餐以外的时间里，切记不要将剩菜或者一些杂物摆放在餐桌上，否则不仅影响美观，还会影响空气质量，从而影响家人的身体健康。

↓ 带有尊贵气息的艺术装饰品摆放在餐桌上，会给人一种大气和奢华的感觉。

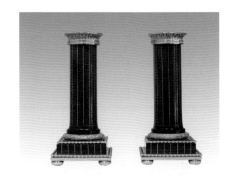

[4] 古典浪漫的餐厅风格

　　浅暖色调的餐厅空间中，餐桌椅、端景柜等家具以及装饰品、灯饰都遵循古典风格，使餐厅空间洋溢着浓浓的怀旧气息。主人用桌旗装饰餐桌后，摆放了带有浪漫气息的烛台，装饰餐厅的同时具有较强的实用性。家人用餐时，烛光烁烁，一定会无比浪漫。

[5] 餐厅空间的怀旧气息

　　古香古色的家具装饰在餐厅中，带来了浓郁的怀旧气息，清新绿植的点缀增添了大自然的活力和朝气。主人充分利用餐桌上的空间，摆放造型独特的烛台作装饰，散发着浪漫味道；日常使用的餐具整齐地摆放在餐桌上，方便而快捷，既节约了主人的时间，也使餐桌得到最大化的利用。

[6] 浪漫的开放式餐厅

　　开放式的餐厅空间，与沉稳成熟的客厅风格迥然不同，钢化玻璃材质的餐桌搭配简约餐椅，透着强烈的时尚现代气息，桌旗上摆放的烛台、瓶花等不仅装点了餐桌和室内空间，也实现了餐桌的收纳需求。

7

8

🏵 经典高贵的餐厅风格

　　餐桌椅的搭配和摆放与上方的铁艺吊灯相互呼应，彰显着大气与经典，杯盘和艺术装饰品摆放在餐桌上，充分利用空间的同时装扮了空间。

🏵 利用光线装饰餐厅

　　餐桌摆放在窗户边，在充足阳光的照耀下，欧式吊灯与经典家具更充分地散发出高贵气质，餐具和烛台在餐桌上的摆放也是完美的装扮。

9

🏵 完美的餐桌装饰

　　开放式的餐厅设计，餐桌椅与厨房家具水平摆放，余留出了更多的侧面空间；艺术装饰品和玻璃餐具装点着餐桌，给餐厅带来了高雅与浪漫的气息。

🏵 小户型居室的餐厅装饰

　　小户型居室的餐厅与客厅毗邻，依靠原木餐桌椅的整齐摆放形成独立饮食区域，为了节约有效的空间面积，主人将家人的餐具和烛台等整齐摆放在餐桌上，美观而大方。

10

餐具摆放的技巧

　　餐桌上餐具的摆放是非常重要的，除了要重视在宴请亲朋好友时要注意的礼仪和中西餐具摆放的注意事项以外，餐具摆放的美观与否也会直接影响到餐桌的整洁甚至是整个餐厅空间的美观。其实，餐具的合理摆放也是主人生活态度和内心品质的外在表现。

1 六人餐桌的布置方式

　　六人餐桌摆放在餐厅的正中间，实木材质的餐桌椅等家具与手工编织的隔热垫、花盆等相呼应，代表着自然气息。六套完整餐具以盆栽为中心整齐分列，非常美观。

2 多人餐桌上的摆放收纳

　　多人餐桌在整理、摆放家人的餐具时具有很强大的收纳能力，盆栽与餐桌上方的吊灯相对，主人将餐具成套摆放在餐桌边缘，方便使用而且十分优雅。

3 圆形餐桌上的收纳布置

　　在带有古典气息的餐厅空间中，主人选用了玻璃桌面的餐桌，融入了现代时尚感。四套餐具两两对称摆放在餐桌上，削弱了玻璃桌面带来的单调，也实现了完美的收纳。

❋ 如何正确选择餐具

在选购陶瓷餐具时，应该注意选择装饰面积小或者是安全的釉下彩或釉中彩的餐具，不要选择对人体有害的釉上彩餐具。釉上彩瓷很容易用目测或手摸来识别，凡是画面不如釉面光亮、手感欠平滑的餐具都要慎购。

←精美的陶瓷茶具弥漫着淡雅之香和纯洁之气，彰显着主人深厚的内心修为。

4 恬静而浪漫的餐厅

原木材质的餐桌椅和地板象征着淳朴的自然气息，亮红色的布艺和饰品彰显着浪漫，餐厅的气氛温馨而甜美。透过餐具的两两对称摆放，似乎可以看到四口之家的幸福生活。

5 典雅浪漫的餐厅装饰

淡黄色的餐桌椅等家具在灯光的辉映下，散发着温馨的气息，使整个餐厅空间暖意浓浓；杯盘碟碗等餐具分四边整齐地摆放在隔热垫上，方便使用而且非常美观。

6 带有艺术气息的经典餐厅空间

深浅明暗色调在餐厅空间的交叉分布，通过灯光的照射相融相生，显得非常经典，带有花朵图案的壁纸装饰给餐厅带来了淡淡的艺术气息。主人将刀叉摆放在餐桌中间的桌旗上，其他餐具按座位整齐摆放，便于生活中餐具的使用和享用中西餐时的餐具更换等。

⑦ 强烈对比色系装饰餐厅

餐厅的墙面、地板等硬装选择浅色系，餐桌椅、橱柜等家具使用深色系，具有强烈的对比效果，而在摆放餐具时选用了白色。

⑧ 温馨优雅的餐厅装饰

小户型居室的餐厅和客厅在同一空间，装饰温馨而优雅，大小各异的餐具整齐摆放，是餐厅空间的一大特色。

⑨ 三代同堂的餐厅装饰

餐厅整体风格趋向温馨恬静，又加入了吧台等时尚、浪漫元素，组合餐具分列在餐桌四边，展现着这个三代同堂家庭的幸福生活。

❀ 巧摆餐具作装饰

餐具在餐桌上的摆放不仅可以满足收纳的实用性和生活的便捷性，如果摆放得巧妙合理，还是餐厅中的一种装饰，杯盘碟碗与隔热垫错落有致地摆放在餐桌上，与瓶花、烛台等搭配会显得非常美观。

←小巧雅致的茶杯做工精细，十分典雅，而且陶瓷材质的隔热效果很好，非常实用。

餐桌与墙面缝隙空间的利用

　　餐桌与墙面之间往往会余留出部分空间，可以用来摆放简易的家具。例如一个简单的收纳箱盛放一些餐具，或是装饰精美的艺术品，或者摆放一些书籍等，利用空间的同时还装饰了空间。

↑一组简单精致的原木餐桌椅布置在餐厅中，会给餐厅带来淡淡的自然气息。

①

②

① 开放式餐厅的收纳设计

　　开放式的餐厅以各种家具作为两个空间之间的隔断，在节约空间面积的基础上有很好的装饰性，贴墙摆放的储藏柜有多个抽屉用以收纳，还能当作端景柜摆放艺术品。

② 温馨餐厅的搁架收纳

　　整个餐厅以暖色调装饰，呈现出温馨自然之感，餐桌与墙面之间的空间面积不大，摆放橱柜会略显拥挤，因此主人布置了搁架，用以放置盆栽等装饰品以点缀空间。

③ 时尚餐厅的书架收纳

　　开放式的居室在隔断设计上具有一种朦胧美，餐桌椅家具与吊灯搭配尽显时尚气质。靠墙布置的书架收纳能力很强，给餐厅空间带入了一丝书香卷气。

③

❋ 完美利用餐厅的缝隙空间

有些时候，餐厅不仅仅是家人用餐的地方，如果将一些装饰品或书籍摆放在餐桌与墙面的缝隙空间中，不仅能有效的利用了空间，还会营造出更加温馨、浪漫的意境。但是要注意的是，家具或饰品的摆放要以不影响家人的自由活动为前提和基础。

↓完整的一套金属餐具会让您的用餐变得更加舒适，生活更加幸福。

4 餐厅中的饰品装饰

恬静淡雅的餐厅环境中，实木材质的餐桌椅显得更加沉稳而大气，给人营造了一种踏实、安静的用餐环境。主人在圆形餐桌与墙面之间，布置了一张实木端景桌，摆放上一些或艺术、或个性的装饰品，充分利用空间的同时，给餐厅带来了一股艺术气息。

5 文艺气息装饰餐厅

从餐厅空间的布置，可以看出主人追求的生活理想。简约风格的餐桌布置后，主人装点了个性时尚的吊灯和瓶花装饰。在餐桌与墙面之间的空间中，摆放了大型的端景柜，将餐厅空间充分而完美地加以利用，整齐摆放的书籍和艺术品，将整个餐厅包围，文艺气息非常浓郁。

6 完美装饰餐厅空间

狭长的餐厅空间丝毫没有影响主人完美装饰的理想，温馨的原木餐桌搭配纯净的餐椅，在灯光的映射下已经非常美观，主人又在余留的缝隙空间中摆放了端景柜和各式艺术品来点缀，整个餐厅空间浪漫无比，当然也留出了家人自由活动的充足空间。

⑦ 玄关处的餐厅布置

餐厅布置在居室的玄关处，更要注重其美观性，因此主人在餐桌一侧布置了端景柜，摆放一些个性装饰品来点缀，装扮了餐厅也就装扮了整个空间。

⑧ 优雅田园的餐厅风格

餐厅的整个空间采用原木装饰，具有很强的田园气息。典雅精致的家具融入了一些异域风情，紧贴墙面摆放的橱柜集实用性和装饰性于一身。

⑨ 餐厅的背景墙装饰

餐桌一侧贴墙摆放，给整个餐厅余留了更多的空间，餐桌上方背景墙可以摆放一些用品或饰品，丰富了餐厅的结构感和装饰性。

❈ 缝隙空间布置家具要保持风格一致
在利用餐厅中墙面与餐桌缝隙空间布置家具或摆放饰品的时候，要注意所选择的软装元素要与餐厅的整体风格保持和谐。

←浅黄色的餐具一定会给人带来更好的食欲，让用餐时间变得更加甜蜜。

餐厅其他空间的收纳

对于空间面积较大的独立餐厅来说，恰当地摆放一些橱柜、储物柜、端景柜等家具用作收纳或陈列，也是不错的选择，还有很强的装饰效果，例如摆放几件精美的餐具或珍藏的红酒，来增加餐厅的用餐氛围。

① 共用家具的收纳布置

主人把餐桌布置在客厅，因为各种家具均是简约造型，所以不会显得拥挤；餐厅与客厅共用时一定要注意美观性，此时客厅中的家具也可以共用来收纳、展示装饰品。

② 精巧储藏柜的双重收纳

餐厅的空间面积虽小，但贵在设计、布置得美观精致，给人一种舒适感。红白色搭配的储藏柜体积精巧，却具有双重作用，既可以收纳整理，又能端景展示。

③ 古典优雅储藏柜的收纳

浅色系餐厅空间中，各种家具的选择却是棕黑色，用古典沉稳气质调节着整体氛围。两款造型一致的储藏柜对称摆放在墙边，不仅装饰了空间，其收纳能力同样不能忽视。

※ **购买橱柜家具注意事项**

装修餐厅在购买橱柜家具时要注意，橱柜箱体后背板的厚度一般都是3毫米的，而且最好要双面贴的类型。因为要保证箱体两面的材质都是一样的，以免出现板材变形的现象；同时还要注意橱柜的防潮，因为餐厅中橱柜的背面常年见不到阳光，所处环境比较潮湿；另外还要注意的是，橱柜家具的背面最好贴上瓷砖。

↓通体白色的陶瓷材质餐具，美观而大方，深受大家的喜爱，大小各异的类型各有其用途。用餐后摆放在餐桌上也不会显得多余，反而有很好的装饰作用。

{4} **古朴典雅的餐厅**

独立式的大空间餐厅，椭圆形的餐桌居中摆放，储物柜和端景柜等实木家具贴墙摆放，各司其职，将餐厅空间装扮得古朴而典雅，非常高贵。

{5} **经典尊贵的餐厅**

实木材质的餐桌椅价值不菲，尽显高贵之气；嵌在墙体中的端景柜收纳、展示了主人收藏的艺术品，彰显着主人的兴趣爱好和品行修为，整个餐厅空间非常经典。

{6} **餐厅的丰富装饰**

主人在布置餐厅时，除了简单的餐桌椅摆放外，还选用了大体积的橱柜等家具，丰富了餐厅空间的装饰，也可以满足餐具等很多物品的收纳整理需求。

家居布置魔法空间

餐厅篇

04

布艺的选择与布置

在餐厅空间中，布艺主要指的是桌布、桌旗、隔热垫以及餐椅座套等，在各式布艺的选择与布置上，颜色与材质的选择最为重要，这一点不仅要求与餐厅的整体风格相搭配，同时也要把各式布艺装饰品紧密结合起来，通过巧妙的呼应搭配，让视觉效果达到最佳。

巧选餐桌布艺布置空间

在餐桌上布置合适的布艺，犹如为餐桌挑选了一件合适的外衣，不仅装饰了餐桌，同时也会使整个餐厅的风格变得格外鲜明和抢眼。例如，时下非常流行的具有异域情调和民族特色的麻质桌布就非常合适；当然，您也可以在餐桌上装饰一些富有特色的桌旗，用来增加餐厅的气氛。

↑巧用桌布装饰餐桌，不仅能方便主人的清洁，同时会显得非常美观、大方。

1 绿色系桌布的装饰

餐厅空间极具时尚、优雅气质，展现着主人高贵、舒适的生活。现代感强烈的餐桌椅等家具整齐布置，绿色系的桌布呼应了餐椅装饰，在光照射效果下尤为浪漫。

2 素雅桌布装饰餐桌

在深色系的餐厅空间中，餐桌椅等家具全部采用浅色系布置，形成鲜明对比，主人选择素雅浅淡的桌布装饰餐桌，不仅是出于颜色的考虑，也是为了营造好的用餐氛围。

3 大气桌旗布置餐厅

浅色原木材质的餐桌椅靠墙摆放，加上家具的造型精巧简约，使整个餐厅空间显得很有活力。带有大气图案的灰色桌旗布置在餐桌上，给餐厅空间融入了沉稳成熟气质。

4 怀旧复古的餐厅布置

餐厅的软装和硬装搭配非常和谐，营造了怀旧复古的整体风格，主人巧妙地在餐桌上布置彩色布艺，带来了活力和浪漫感。

5 布艺装饰餐厅空间

餐厅空间的布置非常简单，原木材质的家具略显单调；主人用多彩的条纹桌布与沉稳的地毯相呼应，增强了餐厅的装饰。

6 桌旗装饰带来高贵感

餐厅与厨房布置在同一空间，显得宽敞明亮，乳白色的家具整齐摆放，营造了一种高贵感，桌旗的装饰使餐厅显得更加华丽。

7 经典高贵的餐厅风格

独立餐厅的空间很大，主人用经典的家具和华丽的灯饰将餐厅布置得大气而高贵，多人餐桌和桌布、地毯的搭配装饰彰显着主人成熟的心智和尊贵的生活品质。

❈ 选择桌布的技巧

餐桌是餐厅的主角，它的布置直接影响家人用餐的心情，所以餐桌布艺的装饰至关重要。布置餐桌可以在底层铺设垂地的大桌布，然后在上面装饰小块的桌布，以增加自然感和多样性；颜色可选深色系，抗污能力好。

←垂地的大桌布不仅很好地保护了餐桌，以免餐桌被污染、烫坏，而且装饰性极强，带有一种华丽感。

⑧ 蓝色桌旗装饰餐厅空间

餐厅中的花纹壁纸、瓶花装饰品和中式吊灯都彰显着一种艺术气息，而黑白色的餐桌椅家具则代表着时尚与现代，主人用一款蓝色的桌旗巧妙地装点了简约的餐桌。

⑨ 餐厅中的布艺装饰

主人将餐厅空间装扮得非常富有个性，裸墙装饰和实木地板具有很强的乡村气息，麻质桌布和隔热垫的布置使主人的生活变得更加质朴和舒适。

⑩ 经典沉稳的餐厅布置

餐厅空间中的色调装饰偏向暗色调，展示着主人成熟、稳重的心性修为和生活态度，由于过暗的色调装饰会让人感觉沉闷、压抑，因此主人在选择桌布时，采用了浅淡色系，调节了整个餐厅的氛围。

餐椅布艺的颜色与样式选取

对于餐厅中餐椅布艺的选择，很多时候要根据餐桌布艺的样式与色彩来决定，这样才能实现紧密融合的效果。当然，偶尔使用一些小小的差异色来搭配，也会给人带来一种新鲜感，例如橘黄色的桌布搭配浅色的餐椅座套等。

⟨1⟩ 柔软布艺装扮餐椅

在布置餐厅时，主人多处采用了瓶花、带有花朵图案的布艺等象征自然的元素，加上浅淡色系的装扮，餐厅显得很优雅。柔软的布艺品装扮编织餐椅，唯美而舒适。

⟨2⟩ 白色布艺布置餐椅

欧式设计风格的餐厅空间中，主人使用了白色的布艺品装饰餐桌，为了与之呼应，将餐椅也用同样色系的布艺进行包装，塑造了一种整体感，而且便于主人清洁。

⟨3⟩ 明黄色布艺装饰餐椅

餐桌椅等家具采用古典造型设计，加上独特的工艺处理，蕴含着一种怀旧复古、高贵典雅的气质。为了保证用餐的舒适性，主人特意选用明黄色的柔软布艺装饰餐椅，同时与整体风格保持和谐一致。

✿ 4 轻松舒适的餐厅空间

绿植的摆放不仅净化了空气，也装点了空间，餐椅座套的装饰与餐桌风格保持一致，而且给家人创造了舒适的用餐条件。

✿ 5 高贵优雅的餐厅风格

餐厅中的餐桌椅、橱柜等家具都非常典雅高贵，整个空间浪漫而温馨，餐椅上安置的布艺坐垫让家人的用餐变得更加舒适。

✿ 6 可爱布艺装饰餐厅

餐厅中的家具布置和饰品装扮带有一种简约现代的气息，而主人在选择餐椅座套时特意挑选了可爱甜蜜风格的布艺，让生活变得更加惬意。

❀ 餐厅的布艺种类

在餐厅中巧妙的装饰布艺能够营造一种更好的用餐氛围，一般来讲，餐厅空间的布艺主要包括桌布、杯垫、隔热垫、餐椅座套、餐椅坐垫、桌椅脚套、咖啡帘等，应该巧妙而合适地搭配利用。

←带有花纹图案的布艺装饰餐桌椅等家具，会带来一种浪漫、甜蜜的气息。

❋ 餐厅布艺如何保养

地毯等应每周吸尘一次，以免积尘影响家人健康；如果杯垫、隔热垫等可以翻转使用，每周翻转一次，使磨损分布均匀；餐椅座套等布艺应以干洗方式清洗，禁止漂白。

↓采用带有民族特色图案的麻质布艺装饰餐厅有很多优点，例如抗污能力强、使用期限长、质感明显舒适、隔热保护能力好等，但是在布置餐厅时要注意与整体风格搭配好。

⑦ 温馨可爱的布艺装扮

从餐厅空间的装扮可以看出主人年轻、活泼的心态和追求浪漫、甜蜜生活的愿望，浅黄色的原木餐桌与乳白色的餐椅等家具相互搭配，将餐厅空间装扮得恬淡而温馨。红白格子的餐椅坐垫与餐桌上的瓶花饰品相互映衬，给餐厅空间增添了一种可爱、甜蜜的气息，是主人浪漫生活的展现。

⑧ 自然元素布置餐厅

主人没有追求华丽、高贵的家居布置，在餐厅中，纯原木材质的餐桌椅、橱柜等家具和绿植、盆栽等装饰表达着主人向往田园自然的理想，追求一种原生态的健康生活；深蓝色的餐椅坐垫与蓝白色的桌布相互映衬，营造了一种类似于蓝天白云的意境，让人在用餐时倍感舒适与放松。

⑨ 简单而高贵的餐厅布置

餐厅中的家具选择和布置非常简单，但是丝毫没有影响其高贵、经典的内涵和气质，餐厅空间中洋溢着一种异域风情与浪漫气息。柔软的餐椅坐垫，让家人在用餐时的心情更加愉快，生活更加幸福。

布艺桌垫的选择

　　使用布艺装饰餐厅当然少不了桌垫，因为桌垫的含棉量较高，常常被用来防止餐具将桌子烫坏；也有时为了在整体上使餐厅空间的装饰风格达到一致性，会特意布置杯垫、隔热垫等桌垫，这样搭配起来非常美观，各种布艺元素在餐厅中遥相呼应，会加强空间的整体感与和谐感。

↑这款桌旗带有很强的中式风格，是布置装饰中式餐厅的首选布艺品。

☙1 华丽的餐厅布置

　　独立式餐厅的空间很大，主人将其装饰布置得极为华丽高贵。在这样一间餐厅中，不能缺少任何一个装饰性元素，餐桌上的隔热垫布置得恰到好处，与瓶花相互呼应。

☙2 舒适优雅的餐厅设计

　　优雅造型的餐桌贴墙摆放，稳固安全且节约空间。因为没有使用桌布，所以四套餐具下的布艺隔热垫起到了保护家人和餐桌的作用，同时与桌旗、布艺餐椅形成照映。

☙3 高贵奢华的餐厅装饰

　　餐厅布置出一种内敛的高贵奢华感，餐桌椅位置的选择、窗帘和吊灯的装饰等都非常讲究，展现着主人优雅的生活。此时餐桌上的隔热垫虽然小巧，却有着举足轻重的整体装饰作用。

✿ 餐厅布艺的清洁

餐厅的布艺比较容易沾染油渍，有时候只有一小块面积，不值得全部清洗，这时可以先用牙刷蘸洗洁精轻轻擦洗，然后蘸清水擦洗干净，最后用一块干净的棉布擦干即可。

↓棕褐色的实木餐桌具备的是沉稳与经典的气质，红色为主的桌垫色彩鲜明，个性张扬，与餐桌风格具有很强的对比效果，在餐厅空间中搭配得非常完美。

7 经典而温暖的餐厅布置

餐厅空间中黑色的实木家具整齐摆放，彰显着一种经典与高贵，是主人高品位生活的外在展现；毛绒地毯的布置显示了对家人无微不至的关怀，给家人的用餐提供了更温暖浪漫的环境。浅色系的桌垫在餐桌上摆放非常显眼，也会在主人用餐的时候带来一种甜蜜和温馨的气息。

8 餐厅空间的经典布置

餐厅空间的经典布置显示了主人享受现代都市生活的良好心态，带有强烈现代感的个性餐桌与吧台设计相互呼应，构成了餐厅的主体框架，个性艺术品与盆栽的装扮增添了灵动的气息和活力。桌垫和餐具的有序摆放与硬朗的餐厅设计形成对比，给人一种很好的视觉效果。

9 尊贵华丽的餐厅

将餐厅设计成开放式，显得更加宽敞、大气，带有尊贵、经典气质的餐桌椅展现着主人高贵的生活，整个餐厅空间具有浓郁的异域风情。桌旗与桌垫采用同一风格，更给餐厅增添了一份奢华感。

其他布艺设计装饰餐厅

对于现代都市家庭的家居布置来说，在餐厅空间中使用纱幔、窗帘等布艺设计来进行搭配和装饰，有时候是非常好的选择，能很好地营造一种温暖浪漫意境。例如，装饰纱幔会给人打造一种朦胧感，而窗帘的阻隔则增强了餐厅的安静与舒适度，能给家人的用餐创造更好的氛围。

⟦1⟧ 窗帘、地毯装饰餐厅

餐厅的布置高贵大气，除了古典的家具和装饰品，柔软舒适的布艺地毯和厚实的深色系窗帘都为餐厅空间增添了气质，让布置在窗边的餐厅成为家人享受时光的空间。

⟦2⟧ 轻柔纱幔装扮餐厅

长形的餐桌采用金属和玻璃材质，具有很强的现代感，搭配简约造型的餐椅，整齐布置在餐厅中间，尽显时尚。为了缓和家具带来的硬朗气质，主人装扮了轻柔的纱幔。

⟦3⟧ 花色窗帘布置餐厅空间

餐厅空间全部采用原木材质进行装饰，搭配墙面上的装饰画以及餐桌上的烛台、瓶花等，营造了古典怀旧的质朴风格。为了营造和谐、安静的用餐氛围，主人选用了花色窗帘进行搭配。

{4} 温暖地毯布置餐厅

　　整个餐厅的布置趋向恬淡、素雅，会给人很舒适的感觉，地毯的铺设更增添了餐厅空间的温暖。

{5} 飘纱窗帘装扮餐厅

　　餐桌椅等家具的选择沉稳、经典，而主人巧用一席飘纱窗帘轻松营造了浪漫、纯洁的餐厅空间。

{6} 餐厅的浪漫温馨

　　布置在门口区域的餐厅整体氛围更加轻松，绒质地毯的温暖和纱质窗帘的浪漫让人更加舒适。

❋ 餐厅窗帘的色彩选择

选择餐厅窗帘除了要考虑质地，色彩选择也很重要，应该力求与墙面、地面保持和谐。如果餐厅的空间较小，可以选用米色、奶黄色、草米色、淡咖啡色和白色等浅色质料。

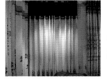

←百褶窗帘装饰空间会带来很强的层次感和空间结构感。

家居布置魔法空间
餐厅篇

05 餐厅中的绿植布置

对于摆放在餐厅中的绿植来说，要求既要符合餐厅空间布置的整体风格，又要保证不能伤害到家人的身心健康。因此在选择和搭配绿植的时候，主人一定要十分注意，既要在布置上达到很好的视觉效果，又要选择有利健康的绿植来装饰。

适合餐厅摆放的绿植

在使用绿植装饰餐厅空间的时候，一般是为了营造一种好的用餐氛围，以促进家人的食欲；同时还要保证在餐厅空间中摆放合适。一般来讲，观叶植物就是比较好的选择之一，它不仅不会让人产生过敏等不良的反应，更不会在搭配上与餐厅的整体风格产生明显的差异。

↑ 簇拥在一起的暖黄色花朵，给人甜蜜浪漫的感觉，非常适合布置在餐厅中。

❶ 大体积绿植装饰餐厅

餐厅有独立的空间，所以要进行完美的装扮，营造舒适、轻松的用餐氛围。餐桌椅等家具以及地板等装饰的色彩比较单一，所以一款绿色植物很好地带入了生机与活力。

❷ 观叶植物布置餐厅

餐厅与厨房两个空间采取开放式布置，更需要用装饰品来点缀。在金属与玻璃材质搭配组成的餐桌上，一款观叶植物盆栽释放着美观与清新，与地面上的绿植相互呼应。

❸ 欣赏性绿植装扮餐厅

原木材质的圆形餐桌加上天然材质制成的餐椅、窗帘等，给餐厅打造了一种舒适迷人的自然氛围。而墙角的两款欣赏性绿植更增强了餐厅的田园气息，因为绿植体积较大，所以更适合摆放在地面上。

在餐厅中摆放绿植盆栽时要注意，植物的生长状况要良好，形状应该低矮一些，避免妨碍家人或朋友的自由活动和面对面交流。一般来说，适宜摆放的植物有番红花、四季秋海棠、长春藤等，同时还应该注意，餐厅中应避免布置气味过于浓烈的植物。

↓像这样精致小巧的绿植可以摆放在餐桌上，舒缓人们的心情，增加食欲。

④ 复古餐厅中的一抹清新

在这间开放式的餐厅中，主人巧妙地使用硬装和软装因素营造出了经典的怀旧复古意境，带有自然感的裸墙设计和非常舒适的实木地板都采用棕黄色，显得质朴而温暖。在这样一间统一色调的餐厅中，主人在餐桌和端景台上各自摆放了绿植盆栽，给静谧的餐厅空间注入了一丝活力和自然气息。

⑤ 绿植装饰简约风格餐厅

餐厅空间的布置和装饰非常简单，钢化玻璃桌面与金属桌架构成的餐桌和餐椅都具有很强的现代感和时尚气息，餐厅中只有餐桌椅摆放在中间，整体感觉非常简约。高大的绿植摆放在墙角，精巧的盆栽陈列在端景台上，与窗外的自然景色相呼应，显得非常和谐美观。

⑥ 绿植布置沉稳风格餐厅

古典造型的餐桌椅和橱柜等家具搭配中式风格的吊灯，将餐厅空间打造得具有浓郁的怀旧复古气息，彰显着主人成熟、稳重的心智。墙边的竹子盆栽与餐桌上的精致盆栽遥相呼应，用清新的田园自然气息装点着餐厅。

{7} 浪漫怡人的餐厅布置

餐厅空间的色彩搭配充满了活力与青春气息，吧台设计与餐椅搭配时尚而前卫，再加上绿植的映衬，整个餐厅显得浪漫怡人。

{8} 餐厅的温馨田园风

餐厅的吊顶、墙面及地板、家具采用不同的颜色布置，营造了一种既温馨又带有田园气息的意境，墙角的盆栽再添白然气息。

{9} 精致盆栽装扮餐厅

设计典雅、低调的开放式餐厅中，餐桌椅家具透着一种内敛的高贵感，餐桌上的精致盆栽与客厅绿植相映衬，装点着空间。

❀ 去除餐厅空间异味的植物

餐厅空间一定要保证环境干净，吊兰、芦荟或虎尾兰等植物能大量吸收甲醛等污染物，消除并有效防止室内空气污染；茉莉、丁香或金银花、牵牛花等花卉分泌出来的杀菌素能抑制餐厅中病菌的生长。

←既清新又精巧的绿植盆栽带有可爱的气息，可以摆放在餐厅的餐桌或者橱柜上，不会占用太多的空间。

依照餐桌大小选择绿植

　　有些时候，在餐桌上摆放绿植盆栽，会令餐厅清新舒爽。一般来讲，可以根据餐桌的大小选择绿植，如果是精巧的四人桌，可以选择只供欣赏的小盆绿植；而如果是宽敞的大餐桌，则布置一盆鲜花在餐桌中央，也是非常亮丽的。

☆1 精致盆景装饰餐桌

　　简约精巧的餐桌椅家具成套布置在空间一角，完美地融入了整体氛围，具有很好的统一性。由于餐桌的面积不是很大，主人挑选了精美的盆景来装饰，显得非常美观。

☆2 浪漫盆花布置餐桌

　　乳白色的餐桌摆放在亮丽的餐厅空间中，给人优雅、柔和的感觉，但是难免会缺少一丝浪漫气息，所以主人选择了精巧造型的浪漫盆花来布置餐桌。

☆3 小型盆栽装扮餐桌

　　在暖黄色的餐厅空间中，主人选择了精巧的圆形餐桌来布置，并与上方的吊灯形成了完美呼应。因为餐桌的面积较小，所以主人将两款小型盆栽布置在餐桌边缘，以免影响家人的用餐和交流。

❋ 餐桌上绿植摆放注意事项

餐桌上摆放绿植盆栽时要注意，无论植物的大小和品种如何，尽量不要布置得过多，因为植物在餐桌上会带来较多的不卫生因素，所以要控制绿植盆栽的数量。同时还要注意随时整理和清洁餐桌的环境。

←将绿植盆栽和书籍摆放在餐桌上，将会使主人普通的生活变得舒适温馨而丰富多彩。

④ 沉稳餐厅中的自然气息

餐厅、厨房中的家具布置沉稳而经典，透着一股成熟气息，宽大的餐桌足够满足家人的用餐需要，因此主人整齐地摆放了两款绿植花卉，用来装点空间。

⑤ 典雅清新的餐厅布置

玻璃餐桌桌面与藤编餐椅座套的搭配是现代气质与田园气息的完美融合，餐桌上的精致盆栽与墙边的绿植相呼应，在餐厅中有很强的装饰作用。

⑥ 成熟的餐厅布置风格

开放式的餐厅空间，在装修设计上与客厅保持同一种风格，成熟而大气，是主人稳重心性的展现。除了柔软舒适的餐椅给家人带来的幸福生活以外，主人在宽大的多人餐桌中间摆放了盆栽，给餐厅空间带来了一种生机勃勃的活力和清新自然的气息。

⑦

⑧

🎋 瓶花装饰餐厅空间

　　原木材质的餐桌椅、橱柜等家具布置餐厅，整个空间显得非常质朴、恬淡；主人为了避免单调，在餐桌上摆放了精巧的瓶花。

🎋 精致简约的餐厅布置

　　餐厅中的餐桌椅棱角清晰，棕褐色的实木材质在浅色调的空间中占居主角地位，精巧的绿植摆放在餐桌上，增添了清爽气息。

⑨

🎋 绿植装饰简约风格餐厅

　　开放式的大空间简约时尚，很适合现代都市年轻人的生活；低矮餐桌上的绿植居中摆放，与上方的吊灯相呼应，装点着空间。

🎋 整洁精致的餐厅布置

　　餐桌椅整齐的摆放，使得独立的餐厅空间显得非常整洁精致，绿植盆栽成排摆放在餐桌中间，使得家人的用餐环境轻松而美观。

⑩

通过绿植盆栽调节餐厅气氛

巧妙地布置绿植盆栽，既可装饰餐厅空间，又能有效地调节家人用餐的气氛，达到双收的效果。但是，要选择布置的绿植盆栽最好是一些精致小巧、富有个性的。

↑这两款绿植的体积虽小，但是都具有很强的个性特征和活力气息。

₁ 墙角绿植的装饰效果

餐厅的布置很简单，只有四边形餐桌搭配简约餐椅摆放其中，虽然方便了家人用餐和活动，但是难免有些乏味，为此，主人在墙角摆放了绿植，很好地调节了气氛。

₂ 绿植呼应瓶花装饰餐厅

古典风格的餐厅能展现出主人优雅、尊贵的生活，也是主人身份、地位的象征。但是总会有些沉闷，如果能在餐厅中布置一款绿植，搭配上瓶花装饰品定会非常美观。

₃ 多个绿植盆栽装扮餐厅

餐厅与厨房共处同一宽敞的空间，餐桌椅的摆放位置极大地方便了主人的生活。整个空间采用清新淡雅的风格进行装饰，并用多个绿植盆栽相呼应，给清新之风带来了关键的点睛之意。

④ 时尚现代的餐厅

门厅处的餐厅宽敞明亮，时尚现代的家具布置打造了都市化的空间，绿植的摆放增添了清新气息。

⑤ 古典餐厅的绿植

主人通过怀旧家具和饰品的布置，以及墙纸的装饰，使得餐厅古香古色，绿植的点缀融入了活力。

⑥ 绿植装扮餐厅

小家具风格质朴，餐桌椅时尚、经典，绿植盆栽清新自然，多元素营造了混搭风格的餐厅空间。

❋ 如何利用植物调节气氛

餐厅装饰中，植物可以调节气氛，带来生机与清新，但要注意，每一种不同科属的植物，都有其不同的特点，有的原始粗犷，有的则简单淡雅，要仔细选择并合理搭配。

←将精美的盆景巧妙地布置在餐厅中，会提高居室空间的气质和主人的生活品位。

❋ 需要布置绿植的餐厅

一般来说，中式风格的餐厅或者过于华丽、过于简约现代的餐厅最好合理布置一些绿植盆栽，帮助营造氛围。

←类似于此的观叶花卉更多的是装饰性作用，可以摆放在餐厅的橱柜或窗台上。

🏵 盆栽装饰中式风格餐厅

　　大面积的餐厅空间根据主人的兴趣爱好设计成了中式风格，实木材质的家具、怀旧的中式吊灯以及精美的雕纹带有浓厚的艺术韵味，主人在墙角的橱柜上摆放了精巧的盆栽，给餐厅带进了一丝清新与自然气息。

🏵 现代风格餐厅的绿植布置

　　餐桌椅家具的选择非常时尚、经典，带有一种很强的现代感和硬朗气质，在这间宽敞的餐厅中并没有过多冗杂的家具摆设，主人只是在墙角摆放了绿植盆栽，调和了餐厅的气氛，为家人的用餐创造了更好的环境。

🏵 优雅的餐厅设计

　　椭圆形的多人餐桌居中摆放，经典的餐椅围绕餐桌整齐地布置，搭配上华丽的欧式吊灯，无不彰显着优雅与高贵的气质，从中可以看出主人对舒适生活的向往和追求。在餐厅的墙角，主人摆放了多种绿植盆栽，给家人营造了一种舒适、温馨的用餐氛围。

布置绿植时的注意要点

　　在餐厅空间中布置绿植盆栽的时候，有很多要注意的地方，不能单单为了追求美观性和可欣赏性而忽略一些要点，否则可能会影响家人日常的生活。例如，绿植摆放不能影响平时正常的用餐，植物的气味不能过浓或不利于人体的健康等。

 烂漫盆花布置餐厅

　　居室的空间面积很大，餐厅装扮得高贵而典雅，带有欧式风格的餐桌椅等家具中规中矩地布置在其中，烂漫的盆花非常优雅，但主人要注意经常修剪花枝。

{2} "分工"装饰餐厅空间

　　高大的绿植适合摆放在墙角，既装饰了餐厅，又不会影响家人的走动；而美妙的盆花更适合布置在显眼的餐桌上，点缀餐厅，营造好的用餐氛围。

{3} 高大绿植点缀餐厅

　　棕褐色的实木餐桌椅等家具彰显着主人沉稳、成熟的心智和深厚的内涵修养；超大吸顶灯给餐厅营造了温馨气氛；使用高大的绿植点缀餐厅最好靠墙布置，既可以满足欣赏性，又不会喧宾夺主、影响生活。

❀ 浪漫的餐厅空间

优雅华丽的餐厅中，主人除了在墙角布置观叶绿植外，还在餐桌上摆放了瓶花以调节气氛，但要注意，如果餐桌不够大，最好不要摆放过大的绿植。

❀ 古典而高贵的餐厅设计

在华丽吊灯的映衬下，经典而高贵的餐桌椅家具彰显着主人舒适的生活，墙角布置的绿植盆栽美化了餐厅空间，而且不会影响家人的自由活动。

❀ 都市化的个性餐厅

时尚个性的都市化餐厅中，餐桌椅、橱柜等家具的选择和搭配很独特，绿植盆栽的随意摆放显得更舒适，但是一定要注意，不要影响正常的生活。

❀ 绿植盆栽布置注意餐厅采光

无论是摆放在窗台上的盆栽，还是布置在地面上的大型绿植，最好不要大面积遮住窗户，以免影响餐厅空间的采光效果。

←仙人掌属于石竹目沙漠植物的一个科，精致美观而且耐旱易活，但是摆放位置要注意，以免家人被划伤。

06

装饰品的布置技巧

对于餐厅空间中装饰品的选择和布置来说，重点要注意的是装饰品本身具有的风格与特色，是否能够与餐厅的整体风格达到和谐统一的效果。装饰品的布置起到的是点缀餐厅空间的作用，相信您通过认真的阅读，一定能够找到适合自己家居的装饰品。

餐桌上的装饰品布置

在家人用餐之后，可以在餐桌上简单布置几件装饰品，例如摆放精美的瓶花、干花，或者是装饰一盏烛台。装饰品带来的美观性和特定风格很容易让人们忘记餐桌原本所占用的空间面积，反而使餐厅给人的整体感觉更好。

① 艺术品点缀餐厅空间

餐厅空间的整体布置简单而精致，餐桌椅和橱柜集中摆放在一个区域，方便生活的同时具有整体感。墙面装饰画、瓶花、干花以及精巧艺术品，将餐厅装点得更加完美。

② 烛台、瓶花装点餐桌

餐桌椅摆放在居室的走廊中，自然而然形成餐厅区域，带有欧式风格的家具非常优雅，餐桌上布置的烛台、瓶花等装饰品与整体风格保持一致，能带给家人好的心情。

③ 木雕艺术品布置餐桌

餐厅设计在空间一角，整体装扮极具艺术气质，餐椅、墙面镜饰以及餐桌上布置的雕刻艺术品全部采用原木材质，环保健康而且美观精致，是点缀餐厅的上佳之选。

4 经典餐厅的餐桌装扮

整个餐厅的设计风格非常时尚经典，是现代都市化的展现，宽大的黑色餐桌上布置了艺术蜡烛和瓶花，更显浪漫与个性。

5 干花装扮淳朴餐厅

餐桌椅等家具以及餐具的选择非常质朴，还带有淡淡的田园气息，主人在餐桌上装饰了干花饰品，增添了艺术韵味。

6 艺术品装饰餐厅

餐厅的布置用混搭手法创造个性，古典的餐桌椅，时尚的橱柜和个性的装饰品，搭配起来非常经典，餐桌上的艺术品装扮营造了一种浪漫气息。

❋ 个性化装饰品点缀餐厅

现在家居装修的主流观念是"轻装修，重装饰"，在餐厅中同样如此。可以充分利用个性化的装饰品增添空间的气氛，但是要注意装饰品的色彩与其周围环境的色彩搭配，或形成和谐，或构成对比。

←既高贵又浪漫的瓶花装饰品摆放在餐桌上，会让家人的用餐氛围更加温馨、惬意。

✽ 插花装饰餐桌

如果只能在餐桌上布置一件装饰品，那么插花应该是最好的选择，无论是靓丽的鲜花还是带有艺术感的干花都可以。但是要注意，餐桌上的花饰设计应该根据餐厅的整体风格以及餐桌的大小来决定。

↓现在流行的干花装饰品美观而且具有一定的艺术性，同时没有鲜花那种掩盖菜肴香气的花香，非常适合在餐桌上装饰。

⑦ 古典而高贵的餐厅布置

大面积的独立式餐厅中，主人在装修设计上没有吝啬。古典而高贵的餐桌椅家具摆放在中间，将中式家具的美感和气质展现得完美无遗；搭配上实木地板、墙面装饰以及装饰画等，给家人营造了一种既温馨健康，又奢华尊贵的意境。餐桌上布置的桌旗与瓶花装饰品非常符合餐厅的整体装饰风格。

⑧ 华丽的艺术餐厅设计

在家装过程中采用开放式的空间设计，餐厅与客厅在装修风格上保持和谐一致的高贵华丽感和艺术气息，而在颜色上形成了鲜明的对比，自然而然地形成了不同功能的两个区域。蓝色系的餐厅布置更容易给人一种清静、淡雅的感觉，配以餐桌上摆放的瓶花装饰品和烛台，让用餐氛围更加舒适怡人。

⑨ 温馨恬淡的餐厅空间

整个餐厅空间的布置装饰非常温馨怡人，带有花朵图案的墙纸恬淡舒雅。浅色系的餐桌椅家具亲近自然，加上圆形餐桌正中间布置的瓶花装饰品，在吊灯灯光的映衬下散发着浪漫气息，这样的餐厅设计非常适合幸福的四口之家。

❋ 实用性的餐桌装饰品

如果自家的餐桌不是很大，同时还想在上面布置一些装饰品来美化空间，营造用餐氛围，建议考虑一些具有实用性的装饰品，例如设计成玩偶造型的牙签盒、优雅造型的红酒架等，都会是不错的选择。

←藤编花盆搭配浪漫的干花，组成一件完美的装饰品，将其摆放在餐桌上，能愉悦用餐的心情。

⑩ 瓶花装饰经典餐桌

　　圆形餐桌采用钢化玻璃桌面，与正上方的吊灯相呼应，使得餐厅空间非常经典。瓶花布置在餐桌中间，给餐厅带来了一丝浪漫和温馨，营造了一种良好的用餐氛围。

⑪ 温馨而实用的餐厅设计

　　供多人用餐的长形木质餐桌和餐椅与墙壁近距离摆放，充分利用了餐厅空间。干花装饰品摆放在餐桌一边，在中式吊灯的映衬下，温馨惬意又不会影响正常的用餐。

⑫ 简约餐厅的瓶花布置

　　餐桌椅采用浅色系的实木材质，摆放在窗户旁边具有更好的光线效果，能给人提供一种轻松、舒适的用餐环境。精致而典雅的瓶花装饰品布置在餐桌上，给简约现代的餐厅空间增添了清新的自然气息和浪漫的温馨感。

墙壁上的装饰画布置

如果要在餐厅空间的墙面上布置装饰画，最好是选择一些色彩亮丽、内容相对简单的壁挂或挂画来装扮，布置餐厅空间的同时能舒缓人们的心情，给家人营造一种良好的用餐气氛。一般来说，餐厅空间的墙面装饰画可以选择带有浓郁艺术气息的油画，例如，一幅深秋落叶夕阳图等。

↑墙面装饰画在色彩搭配上非常富有个性，简单的树枝线条容易让人尽快地放松下来用餐。

⟨1⟩ 水彩装饰画布置餐厅

餐厅设计布置在落地窗旁边，可以保证很好的光亮度和舒适度。简约造型的黑白色餐桌椅、橱柜等家具尽显时尚现代风范，两幅水彩装饰画整齐布置装点着餐厅空间。

⟨2⟩ 装饰画搭配瓷器装扮餐厅

浅色的原木材质餐桌椅垂直墙面摆放最具美观性，加上餐厅空间的阳光很充足，显得温馨而舒适。墙面上的装饰画与搁板上的瓷器艺术品相搭配，让餐厅倍显美观。

⟨3⟩ 巨幅装饰画布置餐厅

主人将餐厅空间装饰成艺术风格，还带有一丝异域风情，彰显着主人雅致的生活。整扇墙面的巨幅装饰画与其他墙面的精致装饰画呼应，在光线的辉映下洋溢着浓郁的艺术气息。

4 开放式餐厅的时尚设计

开放式空间中，餐桌椅的摆放形成餐厅区域，餐厅与客厅在设计上都采用时尚现代的风格，而墙面装饰画和背景墙的设计给室内融入了浓厚的艺术气息。

5 充满艺术感的餐厅布置

黑色的实木家具居中摆放，尽显古典和怀旧，同时给家人余留了更多的活动空间；大幅装饰画的点缀使整个空间充满了艺术感和文化底蕴。

6 时尚前卫的餐厅布置

餐厅占据室内空间的一角，精巧的餐桌椅家具布置非常合适，而且带有很强的现代时尚感，墙面的装饰画与挂钟、吊灯相呼应，有很好的装饰作用。

❊ 布置装饰画的侧重点

有些装饰画代表着艺术感，但是一般来讲，装饰画并不会强调很高的艺术性，而是会非常讲究它与周围大环境的协调和美化空间的效果。

←黄色与黑色为主的装饰画布置在餐厅，会给人创造一种安静、温馨的意境。

7 古典浪漫的餐厅

圆形餐桌搭配舒适餐椅居中布置，加上古典欧式吊灯和浪漫装饰画的点缀，餐厅的意境非常优美。

8 简约风格的餐厅

精致的餐桌椅在空间一隅贴墙摆放，形成了小小的简约餐厅，装饰画的布置带来了可爱的气息。

9 古典而大气的餐厅

独立的餐厅中多人餐桌顺势摆放，非常大气，加上花朵图案墙纸和装饰画、吊灯的点缀，浪漫而古典。

❋ 如何选择餐厅装饰画

选择布置餐厅装饰画要注意几点：色调要柔和清新，画面要整洁干净，笔触要细腻逼真。特别需要指出的是，在餐厅与客厅处在同一空间时，最好能与客厅装饰画相连贯协调。

这样的一幅装饰画布置在餐厅中，会瞬间提升主人的生活品质。

与餐厅主题风格搭配的装饰品选择

与餐厅主题风格相搭配的装饰品布置在空间中，或许并没有过于强烈的视觉效果或者夺目的吸引力，但是能够与整体空间构成和谐一致的意境，给人一种舒缓、放松的感觉。

1 经典艺术品布置餐厅

餐厅只占据宽敞居室空间的一隅，而且餐桌椅贴墙摆放，却形成了强烈、独特的风格。装饰画、艺术品、盆景等布置在各处的装饰品均是经典，完美地点缀着餐厅。

2 精美装饰品点缀餐厅

宽敞空间中餐桌椅和吧台设计全部布置在墙边，余留出很大的空间，整个餐厅显得非常精致雅观。除了独特的背景墙装饰，吧台附近的精美艺术品都有很好的装饰作用。

3 古典装饰品装扮餐厅空间

餐厅空间与玄关处有一墙之隔，在风格上却保持了很好的统一性。棕黑色的实木餐桌椅、橱柜等家具搭配整体布局，显得古老而典雅。为了与整体风格相呼应，主人选用了古典的艺术品、壁挂等进行装饰。

4

4 高贵艺术品点缀餐厅

独立的大空间餐厅，各式家具经典而高贵，餐桌椅布置在地毯上更显尊贵气质，能与主体风格搭配的只有珍藏的花瓶艺术品。

5 时尚简约的餐厅风格

餐桌等家具全部采用原木材质，非常精致，摆放在餐厅中占用空间很小，显得舒适惬意，主人用水滴状吊灯与干花装饰品来点缀。

6 异域风情装扮餐厅

现代感强烈的餐桌摆放在中间，原木材质的古典家具分列四周，加上华丽的吊灯，混搭异域风格很明显，为此，主人特意在墙面上装饰了独具个性的雕像艺术品。

※ 装饰品在餐厅中的意义

餐厅是类似于客厅的公共空间，一款经典的装饰品是主人内秀的外在展现。

5

←时尚的金属装饰品个性十足，深受现代年轻人的喜爱，装饰在餐厅空间会是一大亮点。

6

⑦

⑧

※ 餐厅布置健康环保的装饰品
餐厅是一家人用餐的空间，因此应该尽可能排除一切不安全、不健康的因素，争取给家人创造一个良好的环境。所以在选择、布置装饰品的时候就要避免选择带有危害性因素的材质，要讲究健康与环保，用芒、藤、竹子等天然材料制作的装饰品就是不错的选择，例如，一些融入设计理念的创意编织品在餐厅中就是很好的装饰品。

↓全金属材质的骏马雕像具有很强的艺术性和可欣赏性，精湛的工艺与独特的造型彰显着主人高贵的生活和一种坚持拼搏的生活态度，是装饰家居空间的完美艺术品。

⑦ 古典浪漫的餐厅

橱柜靠窗摆放，但没有遮挡光线，阳光依旧可以照耀在中间的餐桌椅，增添了一种古典与浪漫的气氛；餐桌上的烛台和瓶花装饰品带有一种低调的奢华感。

⑧ 装饰画点缀餐厅

餐厅中的家具布置很简单，餐桌椅和橱柜相隔摆放显得空间非常宽敞明亮，具有强烈的现代简约风。带有淡淡艺术气息的装饰画点缀在餐厅中，意境更加优美。

⑨ 古典而怀旧的餐厅

实木材质的餐桌椅和橱柜造型设计上古典而怀旧，中规中矩的布置方式与餐厅整体风格很搭配，经典而富有艺术气息的装饰品营造了餐厅的美感和意境。

⑨

通过装饰品增加餐厅的亲切感

如果一个空间没有布置装饰品，就会显得单调而乏味，餐厅更是如此。在餐厅中装扮富有个性或独具风格的装饰品，能营造一种温馨惬意的氛围，增加餐厅空间的亲切感和舒适度。

↑两款造型可爱的卡通装饰品非常富有生活情趣，装饰在任何空间中都会让人会心一笑。

⚀ 干枝调节餐厅氛围

将开放式的餐厅设计在客厅附近，要注意不能被客厅气氛影响，也不能因为餐厅凌乱"打扰"客厅，所以要有好装饰。一束干枝巧妙装饰餐厅，调解着餐厅的氛围。

⚁ 玻璃艺术品装扮餐厅

餐厅设计的精巧而雅致，圆形餐桌搭配环绕餐椅摆放在正中间显得非常整洁，给人甜蜜温馨的感觉，很适合家人用餐。主人又在餐桌上点缀了玻璃工艺品，增强亲切感。

⚂ 古典装饰品增添高贵感

餐厅布置在厨房外缘巧作隔断，充分利用了空间。金属、塑料材质坐椅的现代感，原木餐桌的古朴，加上端景柜上古典高贵的装饰品，实现了餐厅的混搭装扮，可以满足家人的不同需求，生活变得更加和睦亲切。

※ 巧妙布置餐厅背景墙

巧妙利用干花、装饰画、雕像、魔块等装饰品布置餐厅背景墙，是装扮餐厅空间、营造良好的用餐氛围、增添餐厅给家人的亲切感的最好途径之一。

↓铜制的"赛龙舟"雕刻艺术品具有很强的古典气息和深远的文化底蕴，将其布置在餐厅空间中，不仅可以起到装饰空间的作用，还能显示主人的内涵和心性。

④ 古朴餐厅的清新装扮

灰白色的墙面与暗色地板搭配装饰，整个餐厅空间显得安静、沉稳，厚重的实木餐桌椅和橱柜家具更显一种古朴气息；圆形餐桌的摆放可以满足多人的聚会或家人的用餐，灵活性很强，几款家具摆放能让家人有自由活动的空间；清新的瓶花装饰品与墙面装扮相映衬，增添了一种亲近感。

⑤ 温馨浪漫的现代餐厅

餐厅的空间很大，主人采用现代风格来装饰，精致简约的餐桌椅等家具在布置装饰上非常灵活自由，将时尚现代感发挥得非常完美。但是现代风格的餐厅会略显清冷单调，因此主人布置了精巧的瓶花和墙面装饰品，在柔和灯光的映衬下，散发着一股浪漫与温馨的气息。

⑥ 时尚精致的餐厅布置

独立式的餐厅中家具摆放很少，极其精致简约的餐桌椅靠墙摆放，可以满足年轻家庭的用餐需求。为了与餐厅整体的现代都市化风格相匹配，采用干花、干枝进行创意设计，呈现出时尚艺术的餐厅背景墙，具有很强的亲切感。

7

❀ 餐厅装饰画的主题选择

家居装饰画的类型和主题有很多，人们在购买的时候可能会难以抉择，其实应该根据实际的应用来选择和装饰。例如，餐厅中就应该布置具有饮食文化主题的装饰画，可以调节用餐气氛，增添亲切感和舒适感。

←象征幸福与快乐的雕刻艺术品装饰在餐厅中，会给家人的用餐环境增添一份亲近和浪漫。

8

9

〔7〕怀旧质朴的餐厅装饰

裸墙造型的餐厅背景墙下，餐桌椅、橱柜家具全部采用原木材质，而且雕饰很少，带有很强的自然感和亲切感，烛台和装饰画的点缀增强了温馨感。

〔8〕精致瓶花带来温馨亲近感

精致的餐桌椅摆放在餐厅中间，有超大落地窗的设计，餐厅显得时尚而现代，但是少了一份恬淡和温馨，主人用精致的瓶花与厨房中的绿植相映衬，带来了亲近感。

〔9〕年轻时尚的餐厅设计

家具结合餐厅的形状顺势摆放，将空间利用得非常充分，从精巧的圆形餐桌和个性的餐椅布置可以看出这是年轻人享受现代都市生活的餐厅空间，尽显时尚与随意。餐桌上和墙面上点缀的可爱精致装饰品，给人营造了一种浪漫、亲近的意境和感觉。